"北京市自然科学基金面上项目"（项目编号：9202005）资助

京津冀 协同发展下水资源与产业结构双向优化适配研究

吴 丹 ◎ 著

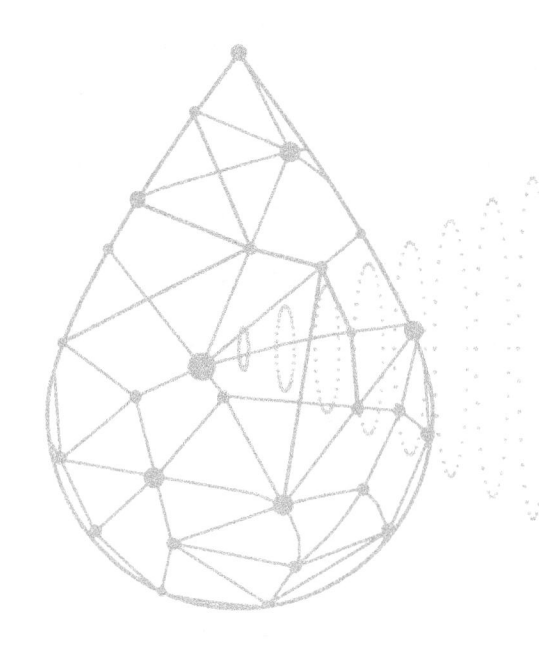

河海大学出版社
HOHAI UNIVERSITY PRESS
·南京·

内容提要

本书面向新时期京津冀协同发展的水利战略需求,以京津冀水资源与产业结构为研究对象,以京津冀水资源与产业结构双向优化适配为研究内容,按照"适配方案设计—适配方案诊断—适配方案优化"的"三步走"适应性管理研究思路,创新提出京津冀水资源与产业结构双向优化适配方法;构建主从递阶协同优化模型、系统设计一套完善的诊断体系、建立地区层和产业层交互的利益博弈机制和利益补偿模型,模拟地区层和产业层的利益相关者利益交互过程,充分体现地区层和产业层的利益相关者利益诉求;因地制宜进行京津冀水资源与产业结构双向优化适配方案实施的制度创新,提出保障适配方案实施的政策建议,推动京津冀协同发展,为京津冀地区相关部门完善适配方案设计、诊断与优化的理论和实证研究提供决策参考。本书可供从事水资源管理、区域协调发展研究的相关管理者和研究者学习参考。

图书在版编目(CIP)数据

京津冀协同发展下水资源与产业结构双向优化适配研究 / 吴丹著. -- 南京:河海大学出版社,2022.11
ISBN 978-7-5630-7760-1

Ⅰ.①京… Ⅱ.①吴… Ⅲ.①水资源管理—研究—华北地区②区域产业结构—产业结构调整—研究—华北地区 Ⅳ.①TV213.4②F269.7272

中国版本图书馆 CIP 数据核字(2022)第 198703 号

书　　名	京津冀协同发展下水资源与产业结构双向优化适配研究
书　　号	ISBN 978-7-5630-7760-1
责任编辑	成　微
特约校对	徐梅芝
封面设计	徐娟娟
出版发行	河海大学出版社
地　　址	南京市西康路1号(邮编:210098)
电　　话	(025)83787769(编辑室)　(025)83737852(总编室) (025)83722833(营销部)
经　　销	江苏省新华发行集团有限公司
排　　版	南京布克文化发展有限公司
印　　刷	广东虎彩云印刷有限公司
开　　本	718 毫米×1000 毫米　1/16
印　　张	11.625
字　　数	207 千字
版　　次	2022 年 11 月第 1 版
印　　次	2022 年 11 月第 1 次印刷
定　　价	69.00 元

前言

京津冀产业结构优化升级体现了一定时期京津冀地区三次产业构成的演变规律,是加快转变京津冀经济社会发展方式的重点任务。京津冀产业结构优化升级受到其科技创新能力、资源要素禀赋以及产业政策导向等众多因素的影响制约。其中,水资源作为京津冀地区国民经济和社会发展的基础性自然资源、战略性经济资源与控制性生态资源,现已成为制约京津冀产业结构优化升级的关键性生产要素。京津冀水资源优化配置包括二个层次:一是京津冀水资源在北京、天津和河北各个地区之间的优化配置,即地区层水资源优化配置;二是京津冀各个地区获得的水资源在不同产业或行业之间的优化配置,即产业层水资源优化配置。面向新时期京津冀协同发展的水利战略需求,如何开展京津冀水资源与产业结构双向优化适配研究,通过京津冀水资源约束倒逼产业结构优化升级,实现京津冀水资源优化配置,促进京津冀水资源与经济社会生态协调发展,推动京津冀协同发展,成为学者们日益关注的热点问题。

在新时期京津冀协同发展战略背景下,按照"适应性管理"思路,创新提出京津冀水资源与产业结构双向优化适配方法,是一个值得研究的课题。本项研究针对京津冀水资源演变特征、产业结构优化的用水需求变化特征等,贯彻落实"以水定产"绿色发展理念,强化最严格水资源管理制度约束,按照"适配方案设计——适配方案诊断——适配方案优化"的"三步走"适应性管理研究思路,创新提出京津冀水资源与产业结构双向优化适配方法,以实现京津冀水资源在地区层和产业层的优化配置以及京津冀产业结构优化升级,从而促进京津冀水资源与经济社会生态协调发展,推动京津冀协同发展。

本项研究面向新时期京津冀协同发展的水利战略需求,以京津冀水资源与产业结构为研究对象,以京津冀水资源与产业结构双向优化适配为研究内容,其应用方向主要体现在以下几方面:第一,通过对京津冀水资源与产业结构双向优化适配进行系统性思考,按照"适配方案设计——适配方案诊断——适配方案优化"的"三步走"适应性管理研究思路,创新提出京津冀水资源与产业结构双向优化适配方法,为京津冀地区相关部门完善京津冀水资源与产业结构双向优化适配的理论框架研究提供决策参考。第二,针对京津冀水资源与产业结构双向优化适配研究,通过构建主从递阶协同优化模型、系统设计一套完善的诊断体系、建立地区层和产业层交互的利益博弈机制和利益补偿模型,模拟地区层和产业层利益相关者的利益交互过程,充分体现地区层和产业层利益相关者的利益诉求,为京津冀地区相关部门完善适配方案设计、诊断与优化的理论和实证研究提供决策参考。第三,针对京津冀水资源与产业结构双向优化适配研究,因地制宜进行京津冀水资源与产业结构双向优化适配方案实施的制度创新,提出保障适配方案实施的政策建议,促进京津冀水资源与经济社会生态协调发展,推动京津冀协同发展,为京津冀地区相关部门完善适配方案实施的政策制度研究提供决策参考。

目录

第一章 绪论 ·· 001
  1.1 研究背景与意义 ·· 001
    1.1.1 研究背景 ·· 001
    1.1.2 研究目的 ·· 003
    1.1.3 研究意义 ·· 004
  1.2 国内外研究现状及发展动态分析 ·························· 005
    1.2.1 国外研究进展 ···································· 005
    1.2.2 国内研究进展 ···································· 006
    1.2.3 国内外研究现状存在问题 ·························· 008
  1.3 研究架构与研究方法 ···································· 010
    1.3.1 研究架构 ·· 010
    1.3.2 研究方法 ·· 010
    1.3.3 技术路线 ·· 012
  1.4 研究目标与创新点 ······································ 013
    1.4.1 研究目标 ·· 013
    1.4.2 创新点 ·· 014

第二章 京津冀水资源与产业结构关联性分析 ···················· 016
  2.1 京津冀水资源概况 ······································ 016
    2.1.1 水资源供给概况 ·································· 016
    2.1.2 水资源利用概况 ·································· 032
  2.2 京津冀产业发展概况 ···································· 038
    2.2.1 经济产业增长变化 ································ 038
    2.2.2 产业结构变动 ···································· 041

2.2.3 产业结构相似系数 ··············· 045
2.3 京津冀水资源与产业结构的关联特征 ··············· 046
2.3.1 产业用水估算 ··············· 046
2.3.2 水资源与产业结构的关联度测算 ··············· 050
2.3.3 产业用水弹性系数测算 ··············· 054
2.3.4 产业用水的驱动效应 ··············· 057

第三章 京津冀水资源与产业结构双向优化适配方案设计 ··············· 062
3.1 京津冀水资源与产业结构双向优化适配的内涵 ··············· 062
3.1.1 适配理念 ··············· 062
3.1.2 适配层次 ··············· 064
3.1.3 适配目标 ··············· 065
3.2 适配方案设计思路 ··············· 067
3.3 地区层适配方案设计模型 ··············· 069
3.3.1 地区层适配方案设计的关键影响因素 ··············· 069
3.3.2 多目标耦合优化模型构建 ··············· 091
3.3.3 多目标耦合投影寻踪模型构建 ··············· 096
3.4 产业层适配方案设计模型 ··············· 096
3.4.1 上层优化目标函数构建与约束条件确定 ··············· 097
3.4.2 下层优化目标函数构建与约束条件确定 ··············· 099
3.4.3 主从递阶协同优化模型求解 ··············· 100

第四章 京津冀水资源与产业结构双向优化适配方案诊断 ··············· 102
4.1 适配方案诊断思路 ··············· 102
4.1.1 适配方案诊断准则构造思路 ··············· 102
4.1.2 适配方案诊断指标体系设计思路 ··············· 103
4.2 适应性诊断方法构建 ··············· 105
4.2.1 适应性诊断准则构造 ··············· 105
4.2.2 适应性诊断模型构建 ··············· 107
4.3 匹配性诊断方法构建 ··············· 109
4.3.1 匹配性诊断准则构造 ··············· 109
4.3.2 匹配性诊断模型构建 ··············· 111
4.4 协同性诊断方法构建 ··············· 115
4.4.1 协同性诊断准则构造 ··············· 115
4.4.2 协同性诊断模型构建 ··············· 115

第五章　京津冀水资源与产业结构双向优化适配方案优化 …… 120
5.1 适配方案优化思路 …… 120
5.2 适配方案优化的利益博弈机制设计 …… 121
5.2.1 适配方案调整的地区利益博弈要素 …… 121
5.2.2 地区利益博弈的收益函数 …… 122
5.2.3 适配方案调整的地区利益补偿函数 …… 123
5.3 适配方案优化的水资源综合效益变化 …… 124

第六章　实证研究 …… 126
6.1 京津冀水资源与产业结构双向优化适配方案设计 …… 126
6.1.1 适配方案设计模型参数预测 …… 126
6.1.2 适配方案设计 …… 136
6.2 京津冀水资源与产业结构双向优化适配方案诊断 …… 144
6.2.1 适配方案适应性诊断 …… 144
6.2.2 适配方案匹配性诊断 …… 148
6.2.3 适配方案协同性诊断 …… 155
6.3 京津冀水资源与产业结构双向优化适配方案优化 …… 158

第七章　京津冀水资源与产业结构双向优化适配方案实施的制度创新研究 …… 163
7.1 适配方案实施的事前控制制度 …… 163
7.1.1 总量控制和定额管理制度 …… 163
7.1.2 政治民主协商与用水户参与制度 …… 164
7.1.3 动态分水方案制定制度 …… 165
7.2 适配方案实施的事中控制制度 …… 165
7.2.1 监控调度管理机制 …… 165
7.2.2 取水许可统计制度 …… 166
7.2.3 水权置换制度 …… 166
7.3 适配方案实施的事后控制制度 …… 167
7.3.1 激励惩罚机制 …… 167
7.3.2 信息披露机制 …… 167
7.3.3 利益整合机制 …… 168

第八章　结论与展望 …… 169
8.1 主要结论 …… 169
8.2 研究展望 …… 171

参考文献 …… 173

第一章
绪论

1.1 研究背景与意义

1.1.1 研究背景

京津冀地区以占全国2.3%的土地面积和1%的水资源，承载了全国8%的人口，创造了全国近11%的经济总量。京津冀作为我国政治、经济、文化与科技中心，既是我国东部地区的重要增长极，又是推动我国国民经济和社会发展的重要引擎。2014年2月，习近平总书记在北京主持召开座谈会，强调实现京津冀协同发展是优化国家发展区域布局、优化社会生产力空间结构、打造新的经济增长极、形成经济发展新方式的需要，是一个重大国家战略，全面深刻阐述了京津冀协同发展的推进思路和重点任务，为京津冀协同发展指明了方向。2015年6月，中共中央、国务院印发实施《京津冀协同发展规划纲要》，从战略意义、总体要求、定位布局、促进创新驱动发展、统筹协同发展相关任务、深化体制机制改革、开展试点示范等方面，描绘了京津冀协同发展的宏伟蓝图。京津冀协同发展，以疏解非首都功能、解决北京"大城市病"为基本出发点，调整优化城市布局和空间结构，扩大环境容量生态空间。

2016年1月，国家协同办印发了《"十三五"时期京津冀国民经济和社会发展规划》，以"创新、协调、绿色、开放、共享"五大发展理念为统领，打破三省市"一亩三分地"的思维定式，制定了创新发展、转型升级、绿色发展等方面的重点发展任务。实现京津冀协同发展、创新驱动,推进区域发展体制机制创新,是面向未来打造新型首都经济圈、实现国家发展战略的需要。2016年8月,国家发展改革委员会印发了《关于贯彻落实区域发展战略促进区域协调发展的指导意见》,进一步强调深入实施京津冀协同发展战略,完善区域协调发展体制机制。与此同时,京津冀水利、科技、产业、生态环保等方面的协同发展专项规划相继出台实施。这些政策制度的制定与落实标志着京津冀协同发展通过实质性操作,为缩小京津冀发展差距提供了重要政策支撑。

京津冀协同发展进程中,亟需加快三省市经济发展方式转变,推进三省市产业结构转型升级,而京津冀水资源是影响三省市经济社会发展与产业结构优化升级的关键要素之一。京津冀既是我国经济最为发达、人口最为稠密的大城市群,又是水资源稀缺性最为凸显的地区。京津冀地区生活和生态用水占比均超过全国平均水平,农业用水比例几乎与全国持平,而工业用水比重则较全国平均水平低了近9个百分点。其中,北京生活用水占比突出,达到45%以上。生态用水占比排在第二位,比京津冀整体高出近10个百分点。而农业用水占比仅排名第三位。同时,北京工业用水占比略低于京津冀整体水平。与北京相比较,天津农业和工业用水明显偏高,生活和生态用水明显偏低。河北用水分布较北京和天津存在明显差异,农业用水占比极高,是京津冀地区水资源首要消耗大户。由于水资源严重短缺,而国民经济和社会发展的用水需求强劲,京津冀已成为我国水资源环境严重超载地区之一,面临水资源短缺、水生态恶化、水污染严重等突出问题,同时,"有河皆干""湿地萎缩""全球最大的地下水漏斗"等一系列现象相继凸显。因此,水资源问题已成为京津冀协同发展最突出的桎梏。京津冀协同发展进程中,亟需通过水资源优化配置与水资源管理制度创新,推进产业结构转型升级,倒逼经济发展方式转变。

国家"十三五"规划强调,贯彻落实最严格水资源管理制度,实行以水定产、以水定城,推动经济社会发展方式的战略转型。2016年5月,水利部印发的《京津冀协同发展水利专项规划》提出以问题为导向,按照"节水优先、高效利用、总量控制、优化结构、强化保护、恢复生态、科学布局、系统治理、政府主导、两手发力"等基本原则,强化水资源环境刚性约束,科学确定2020年和2030年京津冀水利建设目标与控制性指标,统筹京津冀三地水资源调配。此外,生态环境部、发改委与水利部联合发布《重点流域水污染防治规划(2016—2020年)》,强调打破京津冀行政区域限制,构建京津冀水资源一体化统筹保护机制,加强水资源保护执法联动机制,利用科技治理水污染,保障京津冀协同发展。《京津冀协同发展水利专项规划》《重点流域水污染防治规划（2016—2020年）》的制定与实施充分体现了新时期京津冀协同发展的水利战略需求，为京津冀水资源优化配置与产业结构优化升级以及京津冀协同发展提供了重要的政策指导。因此，面向新时期京津冀协同发展的水利战略需求，亟需从理论上、方法上、技术上和制度上破解京津冀水资源优化配置与产业结构优化升级的关键性难题。

1.1.2 研究目的

1. 完善京津冀水资源配置理论方法体系

本项研究面向新时期京津冀协同发展的水利战略需求，贯彻落实"以水定产"绿色发展理念，强化最严格水资源管理制度约束，按照"适配方案设计——适配方案诊断——适配方案优化"的"三步走"适应性管理研究思路，创新提出京津冀水资源与产业结构双向优化适配方法。首先，构建主从递阶协同优化决策方法，进行地区层和产业层的适配方案设计；其次，构建一套完善的诊断体系，从地区层和产业层两个层次，进行适配方案诊断；然后，构建地区层和产业层的利益相关者交互决策方法，进行适配方案优化。本项研究成果对于丰富京津冀水资源配置理论具有重要价值。

2. 提高京津冀水资源配置方法的科学性和实用性

本项研究按照"适应性管理"思路，开展京津冀水资源与产业结构双向优化适配研究。针对适配方案设计，以京津冀为整体进行系统性思考，将地区层的经济社会生态效益目标和产业层的三次产业发展目标进行耦合，构建主从递阶协同优化模型；针对适配方案诊断，充分体现地区层和产业层的利益相关者的利益诉求，基于用水总量、用水效率、排污总量控制约束，将水资源配置"水量、水效、水质"指标进行耦合，同时纳入经济社会生态综合考量指标，系统设计一套完善的诊断指标体系，构造可操作性强的诊断准则以及实用性强的诊断模型；针对适配方案优化，加强地区层和产业层的利益相关者的交互，建立利益相关者交互博弈机制和利益补偿模型。本项研究成果有利于提高京津冀水资源配置方法的科学实用性。

3. 为政府部门制定京津冀协同发展、水资源优化配置、产业结构优化等政策制度提供决策参考

本项研究贯彻落实国家和京津冀相关部门出台的《实行最严格水资源管理制度考核办法》"十三五"时期京津冀国民经济和社会发展规划》《京津冀协同发展水利专项规划》等政策制度和政策指导文件，开展京津冀水资源与产业结构双向优化适配研究,强化最严格水资源管理制度约束,以水定产、以水定城,因地制宜进行适配方案实施的制度创新,提出保障适配方案实施的政策建议,保障京津冀水资源管理工作有序开展,实现京津冀水资源优化配置与产业结构优化升级,推动京津冀协同发展。本项研究成果将为京津冀政府部门制定宏观政策制度提供决策参考。

1.1.3 研究意义

水资源是京津冀经济社会发展的约束性、"先导性"要素,京津冀经济社会发展方式转变过程中,水资源供需矛盾仍较为尖锐和复杂,严重的水资源环境安全问题成为制约京津冀经济社会发展的瓶颈。同时,京津冀各地区经济发展不平衡,产业结构复杂多样,水资源与水环境承载能力不足呈现多元化和地区特征,增加了京津冀水资源配置与产业结构优化过程中的适配难度。为此,在贯彻落实"以水定产"绿色发展理念、强化最严格水资源管理制度约束与双控行动方案实施等新形势下,开展京津冀水资源与产业结构双向优化适配研究,对于加快推进京津冀协同发展战略实施具有重大意义。

本项研究旨在面向新时期京津冀协同发展的水利战略需求,按照"适应性管理"思路,创新提出京津冀水资源与产业结构双向优化适配方法,构建京津冀水资源与产业结构双向优化适配模型,确定京津冀水资源与产业结构双向优化适配的推荐方案,目的是寻求更能适应新时期京津冀协同发展的水资源优化配置与产业结构优化方案,促进京津冀水资源与经济社会生态协调发展,推动京津冀协同发展。本项研究具有重要的理论意义和实践价值。

理论意义:①完善水资源配置理论体系。本项研究按照"适应性管理"思路,创新提出京津冀水资源与产业结构双向优化适配方法,构建京津冀水资源与产业结构的双向优化适配模型,为京津冀水资源优化配置与产业结构优化升级提供了新的研究思路。本项研究成果对丰富水资源配置理论体系具有重要价值。②提高水资源配置方法的科学性和适用性。本项研究面向新时期京津冀协同发展的水利战略需求,按照"适配方案设计——适配方案诊断——适配方案优化"的"三步走"适应性管理研究思路,确定京津冀水资源与产业结构双向优化适配的推荐方案,进一步验证和提高了水资源配置方法的科学性和适用性。

实践价值:①切合京津冀协同发展的水利战略需求。本项研究以《京津冀协同发展水利专项规划》为政策指导,以"以水定产"绿色发展理念为引领,强化最严格水资源管理制度约束,实现京津冀水资源优化配置与产业结构优化升级,切合新时期京津冀协同发展的水利战略需求。②有利于加快推动京津冀协同发展。本项研究在京津冀地区开展实证研究,确定京津冀水资源与产业结构双向优化适配的推荐方案,在实现京津冀水资源优化配置的同时,推进京津冀产业结构优化升级,因地制宜提出保障适配方案实施的政策建议,有利于促进京津冀水资源与经济、社会、生态协调发展,加快推动京津冀协同发展。

1.2 国内外研究现状及发展动态分析

1.2.1 国外研究进展

水资源优化配置属于跨学科领域的复杂系统工程问题。国外水资源优化配置实践表明,多目标耦合、多主体参与的多阶段耦合、产业结构优化成为水资源优化配置的主要发展方向。

(1)多目标耦合配置。水资源优化配置的关键是统筹体现社会公平、经济效益、生态保护、风险控制等多维目标,促进水资源的高效利用和水环境的有效保护。国内许多学者对此进行了研究,倾向于构建多目标耦合配置方法。如将水资源管理模型与GIS有机结合,模拟流域水资源配置的耦合模型[1];以各种约束条件下不同时空尺度的供水、地下水水质、生态环境和经济为目标,将地下水模拟模型和多目标优化模型进行耦合的水资源配置模型等[2-3];保障荒地流域水资源高效利用的合作式水资源配置模型[4-5];系统考虑水资源配置因素、水循环过程和污染物迁移的流域水量水质耦合配置模型[6];将水资源模型与水文、经济模型进行耦合,应用于智利Maipo流域的水文-农业-经济模型、水资源-经济-水文模型[7-8];以实现公平和风险控制为目标,引入基尼系数和条件风险价值的水资源优化配置模型[9-10]。

(2)多主体参与的多阶段耦合配置。随着研究的进一步深化,学者们指出水资源配置在统筹体现多维目标的过程中,应重点加强不同相关利益主体之间的利益交互,充分体现相关利益主体的利益诉求。为此,学者们进一步完善水资源配置方法。一是提出构建多主体参与的耦合配置方法,如应用于德黑兰省的多主体参与的基于水质的地表水和地下水综合配置方法[11-12];模拟利益相关者谈判过程、提高水资源配置方案稳定性和可行性的经济学权力指数配置方法[13]。二是提出构建多主体交互的多阶段耦合配置方法,如最大化流域水资源总价值的两阶段动态博弈模型[14];提高用水户合作的两阶段协作配置模型[15];帮助决策者识别、应对复杂水环境管理系统不确定变化的区间两阶段规划模型[16-18]。

（3）产业结构优化的水资源配置。水资源配置重在推进产业结构优化升级,国外学者已经论证产业结构优化应向水资源利用率高、水环境污染少的方向发展。学者们指出,水资源配置应充分考虑产业发展与水环境保护的相互协调性[19],同时兼顾"降低水资源消耗水平"与"培育环境友好型产业"[20],强调产业水耗和水污染排放状况的系统性分析[21],以缩小水资源消耗量大的产业规模并扩大无污染或污染小的产业规模[22]。为此,众多学者应用模拟技术、动态规划分析等相关优化理论,结合投入产出模型、模拟仿真技术、多元统计回归分析法、自然资本核算法、基尼系数法等方法,对水资源与产业结构优化问题进行了深入研究。主要内容包括产业结构优化与水资源利用的相关性[23];基于模拟技术与灵敏性分析的水资源系统规划和管理[24-25];公共安全、经济等因素对产业结构与水资源优化的影响[26];用水结构与产业结构优化模式、机制与路径以及优化仿真模型[27]。

此外,适应性管理是有效解决水资源管理问题的关键途径(Milly等,2008)。与集体农业用水户行为相适应的水资源配置方法、气候变化下引入自适应机制的水资源配置方法现已成为学者们关注的研究热点(Le Bars等,2004;Kathrin Knüppe等,2011;Syme,Null等,2014,2016)。

1.2.2　国内研究进展

结合我国国情与水情,学术界众多学者对水资源的配置原则、配置模式、配置模型进行了热点研究和深入探讨。由于水资源配置实践受到各区域的政治稳定、社会公平、经济发展、技术手段、生态环境等多种因素的影响制约,政治协商机制的提出为我国水资源配置实践提供了可行的思路。通过政治协商的方式,加强各方利益相关者的广泛参与,有利于提高流域整体用水效益与排污绩效[28]。

（1）配置原则。我国水资源配置实践与理论研究的初期,学者们关注的热点主要是围绕分配的公平性与效率性展开[29-31]。随后,众多学者借鉴国际经验,总结我国《中华人民共和国水法》等法律政策法规以及黄河、大凌河、黑河等我国各大流域的水资源配置实践,对水资源配置原则的制定提出了各自的见解。生活用水优先原则,保障粮食安全原则,尊重历史与现状原则,可持续发展原则成为学者们达成统一共识的基本配置原则[32]。随着黄河流域、松辽流域、长江流域省际典型河流、塔里木河、石羊河等水资源配置实践的推进,以及学术界理论研究的深化,留有余量原则、生态用水保障原则已纳入配置原则框架体系中,进一步完善了水资源配置原则[33]。

(2)配置模式。我国近年来开展的流域水资源配置实践中,针对水资源配置模式的研究,主要是以流域多年平均水资源量(或某一水文频率下的天然径流量)为分配基数,基于水资源配置原则,设计配置指标体系,建立混合配置模式,将水资源分配给流域内各行政区,以此作为该区域的用水总量控制指标[34-36]。节水激励机制也进一步引入配置实践中,以优化水资源配置模式[37-38]。

(3)配置模型。以水资源配置原则与分配指标体系为指导,配置模型进一步为水资源配置实践提供了技术支撑。从现有的水资源配置方法看,主要围绕两方面展开,一是水资源配置指标权重的确定,主要采用层次分析法、熵权法等模型方法[37-43],由于指标权重的确定受到了人为因素的干扰,导致水资源配置结果的可接受性较弱;二是水资源配置模型的构建,学者们根据产业结构用水需求与经济社会发展指标的互动反馈,结合经济效益、产业结构贴近度以及产业结构优化目标,分别建立了多目标优化模型[44-47]、系统动力学模型[48-49]、多层递阶目标规划模型[50-52],实现产业结构与水资源优化配置。随着研究的进一步深化,学者们提出在水资源配置模型中嵌入协商博弈、交互研讨等机制,充分体现利益相关者的利益诉求[53-56]。与此同时,为充分体现地区与产业之间利益相关者的主从递阶交互思想,提高配置结果的满意度,判别诊断准则的构造、协调参数指标体系的设计以及主从递阶优化配置模型的构建成为研究热点[57-58]。

此外,自2011年我国开始实行最严格水资源管理制度后,学者们提出以水资源管理"三条红线"控制约束为准则,剖析水资源配置系统内在耦合关系,将水量、水效、水质嵌入水资源配置理论框架中,追求生态-经济服务价值最大[59-63];深入探索气候变化下水资源适应性管理[64-66];并创新提出水资源管理的政府强互惠理论[67,69],注重"系统诊断—政策影响评估—系统再诊断"循环过程,建立最严格水资源管理的适应性政策选择和利用理论框架体系[68,70-71];从水资源可持续利用的视角提出京津冀城市群协同发展的政策建议,以期为水资源约束下的京津冀城市群可持续发展提供参考[72]。

综合学者们的观点,水资源与产业结构优化的目标体现在经济产值最大化、用水总量最小化、产业结构高级化等方面。同时,部分学者提出产业优化不仅反映了不同产业用水效率的差异,也体现了不同产业排污绩效的差异。因此,水资源与产业结构优化的目标也体现在水污染排放最小化等方面。为此,水资源与产业结构优化的途径是建立节水防污型社会经济体系,大力发展节水防污型产业,将水资源优化配置到用水效率高、经济效益好、水污染排放少的产业。

1.2.3 国内外研究现状存在问题

1.2.3.1 研究现状评述

从现有研究成果来看,受到人类活动、气候变化、水资源供给变化、产业结构转型升级等众多因素影响,水资源配置的发展趋势为:在配置思想方面,已逐步实现从"水资源供需平衡分析促进经济社会可持续发展"到"水资源管理制度创新倒逼经济发展方式转变"的思路转变;在配置方法方面,已逐步实现从"多目标耦合配置模型"到"在多目标耦合配置模型中嵌入利益相关者交互博弈机制"方向的发展。鉴于此,面向京津冀协同发展的水利战略需求、最严格水资源管理制度约束、"以水定产"绿色发展理念等新形势,目前京津冀水资源配置思路和方法的局限性表现为:

(1) 水资源配置注重优先满足用水效率高和经济效益好的产业发展需求,未深入贯彻落实"以水定产"绿色发展理念,实现水资源与产业结构的双向优化。如何在水资源配置过程中,贯彻落实"以水定产"绿色发展理念,探索京津冀水资源与产业结构双向优化适配思路,创新设计京津冀水资源与产业结构双向优化适配方法,从而在实现京津冀水资源优化配置的同时,优化产业用水结构,推进京津冀产业结构优化升级,值得深入研究。

(2) 水资源配置注重按照"地区层—产业层"的层级结构进行配置,未充分反映地区层和产业层利益相关者的利益交互,形成主从递阶协同优化的水资源配置思路。如何在水资源配置过程中,以京津冀为整体进行系统性思考,将地区层的经济社会发展综合效益目标、产业层的三次产业发展目标进行耦合,探索构建主从递阶协同优化模型,进行地区层和产业层交互的水资源配置,从而充分体现地区层和产业层利益相关者的利益诉求,提高地区层的经济社会综合效益,实现产业层的产业结构优化升级,值得深入研究。

(3) 水资源配置注重配置过程,地区层和产业层的水资源配置结果诊断未充分体现最严格水资源管理制度约束,缺乏一套完善的诊断体系。如何在水资源配置过程中,强化最严格水资源管理制度约束,将水资源配置"水量、水效、水质"指标进行耦合,同时纳入经济社会生态综合考量指标,系统设计一套完善的诊断指标体系、构造可操作性强的诊断准则以及构建实用性强的诊断模型,从而对地区层和产业层两个层次水资源配置结果的合理性进行诊断,值得深入研究。

1.2.3.2 尚需进一步研究的方向

鉴于研究现状评述,面向京津冀协同发展的水利战略需求,本项研究尚需进一步研究的方向为:

(1)贯彻落实"以水定产"绿色发展理念,对京津冀水资源与产业结构双向优化适配进行系统性思考,探索按照"适配方案设计—适配方案诊断—适配方案优化"的"三步走"适应性管理研究思路,创新提出京津冀水资源与产业结构双向优化适配方法,在实现京津冀水资源优化配置的同时,优化产业用水结构,推进京津冀产业结构优化升级。

(2)客观揭示京津冀水资源与产业结构双向优化适配的不确定性、交互性等特征,以京津冀为整体进行系统性思考,将地区层的经济社会发展综合效益目标、产业层的三次产业发展目标进行耦合,以地区层的经济社会发展综合效益目标为主、产业层的三次产业发展目标为从,探索构建主从递阶协同优化模型,进行适配方案设计,模拟地区层和产业层利益相关者的利益交互过程,充分体现地区层和产业层利益相关者的利益诉求,实现京津冀水资源在地区层与产业层的优化配置以及产业结构优化升级。

(3)强化最严格水资源管理制度约束,探索将水资源配置"水量、水效、水质"指标进行耦合,同时纳入经济社会生态综合考量指标,系统设计一套完善的诊断指标体系,构造可操作性强的诊断准则,建立实用性强的诊断模型,从地区层和产业层两个层次,对京津冀水资源与产业结构双向优化适配方案的合理性进行诊断。并以适配方案诊断结果为依据,探寻导致适配方案诊断结果存在不合理性的根源,优化适配方案,促进京津冀水资源与经济社会生态协调发展,推动京津冀协同发展。

因此,本项研究面向京津冀协同发展的水利战略需求,综合考虑京津冀水资源演变特征、产业结构优化用水需求的变化特征,贯彻落实"以水定产"绿色发展理念,强化最严格水资源管理制度约束,按照"适配方案设计—适配方案诊断—适配方案优化"的"三步走"适应性管理研究思路,创新提出京津冀水资源与产业结构双向优化适配方法,确定京津冀水资源与产业结构双向优化适配的推荐方案,实现京津冀水资源在地区层和产业层优化配置的同时,推进京津冀产业结构优化升级,以促进京津冀水资源与经济社会生态协调发展,推动京津冀协同发展。这将是破解京津冀水资源与产业结构双向优化难题的重要途径。

1.3 研究架构与研究方法

1.3.1 研究架构

本项研究将京津冀整体作为一个复合系统、京津冀各个地区作为一个由不同产业或行业构成的用水系统进行系统性思考,基于水资源配置理论、复杂系统理论、多目标决策理论、适应性管理理论等基础理论,按照"适配方案设计—适配方案诊断—适配方案优化"的"三步走"适应性管理研究思路,创新提出京津冀水资源与产业结构双向优化适配方法。为此,本项研究包括基础研究和核心研究两部分内容。

1. 基础研究

在系统评述国内外相关研究进展的基础上,对国内外水资源配置原则、配置理念、配置机制、配置模型以及产业结构优化机制、优化模型进行全面梳理,总结水资源优化配置与产业结构优化研究的发展趋势。面向新时期京津冀协同发展的水利战略需求,探寻京津冀水资源利用与产业结构的演变规律,测算京津冀用水弹性系数,测度京津冀水资源与产业结构的关联性,提炼京津冀水资源与产业结构双向优化适配迫切需要解决的核心问题,以及影响京津冀水资源与产业结构双向优化适配的关键要素等。

2. 核心研究

贯彻落实"以水定产"绿色发展理念,强化最严格水资源管理制度约束,按照"适配方案设计—适配方案诊断—适配方案优化"的"三步走"适应性管理研究思路,深入开展京津冀水资源与产业结构双向优化适配方法研究,因地制宜进行适配方案实施的制度创新,提出保障适配方案实施的政策建议,促进京津冀水资源与经济社会生态协调发展,推动京津冀协同发展。

本课题研究内容的组织逻辑如图 1.1 所示。

1.3.2 研究方法

根据研究框架,采用的研究方法具体包括:

(1) 案例研究与经验分析法。针对国内外典型流域和区域广泛搜集资料或开展实地调研,全面梳理国内外水资源优化配置和产业结构优化的理论与实践研究成果,对水资源优化配置思想、配置规则与原则、配置机制、配置模

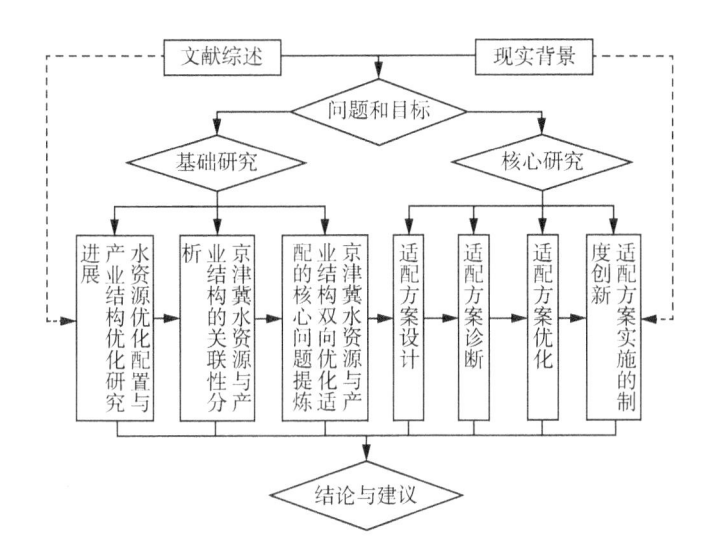

图 1.1 课题研究内容的组织结构示意图

型以及产业结构优化机制、优化模型进行系统分析,总结水资源优化配置与产业结构优化思路和方法的演变特征,提炼典型流域和区域水资源优化配置与产业结构优化方法中各个层次利益相关者的关注焦点和利益诉求,为京津冀水资源与产业结构双向优化适配模型构建铺垫基础。

(2)理论模型方法。在总结国内外水资源优化配置和产业结构优化方法研究的发展趋势基础上,借鉴国内外水资源优化配置和产业结构优化相关理论成果,利用决策理论方法,采用由简到繁的建模技术,构建京津冀水资源与产业结构双向优化适配模型,包括水资源与产业结构双向优化适配方案设计模型、水资源与产业结构双向优化适配方案诊断体系、水资源与产业结构双向优化适配方案的调整与优化模型。本项研究主要涉及的方法为:

①耦合分析方法。针对京津冀水资源与产业结构双向优化适配过程,构造地区层适配方案设计原则及其对应的目标函数,基于"耦合"视角,建立集成目标函数的多目标耦合优化模型,并将多目标耦合优化模型与投影寻踪模型相结合,构建地区层多目标耦合投影寻踪模型。

②主从递阶协同优化方法。以京津冀为整体进行系统性思考,将地区层的经济社会发展综合效益目标、产业层的三次产业发展目标进行耦合,以地区层的经济社会发展综合效益目标为主、产业层的三次产业发展目标为从,构建京津冀地区层和产业层交互的主从递阶协同优化模型。

③多目标决策法。将水资源配置"水量、水效、水质"指标进行耦合,同时

纳入经济社会生态综合考量指标,构建水资源与产业结构双向优化适配方案诊断体系,从适应性、匹配性与协同性三个维度,采用区间多目标决策法,对水资源与产业结构双向优化适配方案进行诊断判别。

④博弈论方法。以适配方案诊断结果为依据,通过逆向追踪法,反向追踪不适配的地区或产业,识别出京津冀"产业结构升级调整区",构建地区层和产业层交互的利益博弈机制和利益补偿模型,确定京津冀水资源与产业结构双向优化适配的推荐方案。

⑤系统分析法。基于大系统分解协调原理,从地区层和产业层两个层次,首先设计京津冀水资源与产业结构双向优化适配方案,然后构建适配方案诊断体系,并针对适配方案的不合理性进行调整与优化,从而获得京津冀水资源与产业结构双向优化适配的推荐方案。

（3）实地调查和实证研究法。以京津冀地区为案例进行实证研究,实地调查京津冀地区已发生的水资源配置实践,对相关管理部门进行访谈和调研,广泛搜集和整理京津冀社会经济发展特点、水资源情况、水环境质量、水生态基本特征等基础资料,获取理论模型参数所需要的相关数据和资料。将京津冀已发生的水资源配置实践作为验证理论模型的经验材料,检验京津冀水资源与产业结构双向优化适配方法的科学性与可行性,并对模型的合理性进行修正。在此基础上,因地制宜建立一套京津冀水资源与产业结构双向优化适配方案实施的政策制度,提出保障适配方案实施的政策建议。

1.3.3 技术路线

本项研究分三个阶段。第一阶段,通过基础研究提炼出京津冀水资源与产业结构双向优化适配需要解决的核心问题;第二阶段,按照"适配方案设计—适配方案诊断—适配方案优化"的"三步走"适应性管理研究思路,深入开展京津冀水资源与产业结构双向优化适配方法研究,确定京津冀水资源与产业结构双向优化适配的推荐方案;第三阶段,通过京津冀实证分析检验模型的可行性,因地制宜进行适配方案实施的制度创新,提出保障适配方案实施的政策建议,促进京津冀水资源与经济社会生态协调发展,推动京津冀协同发展。

本项研究的具体技术路线设计如图1.2所示。

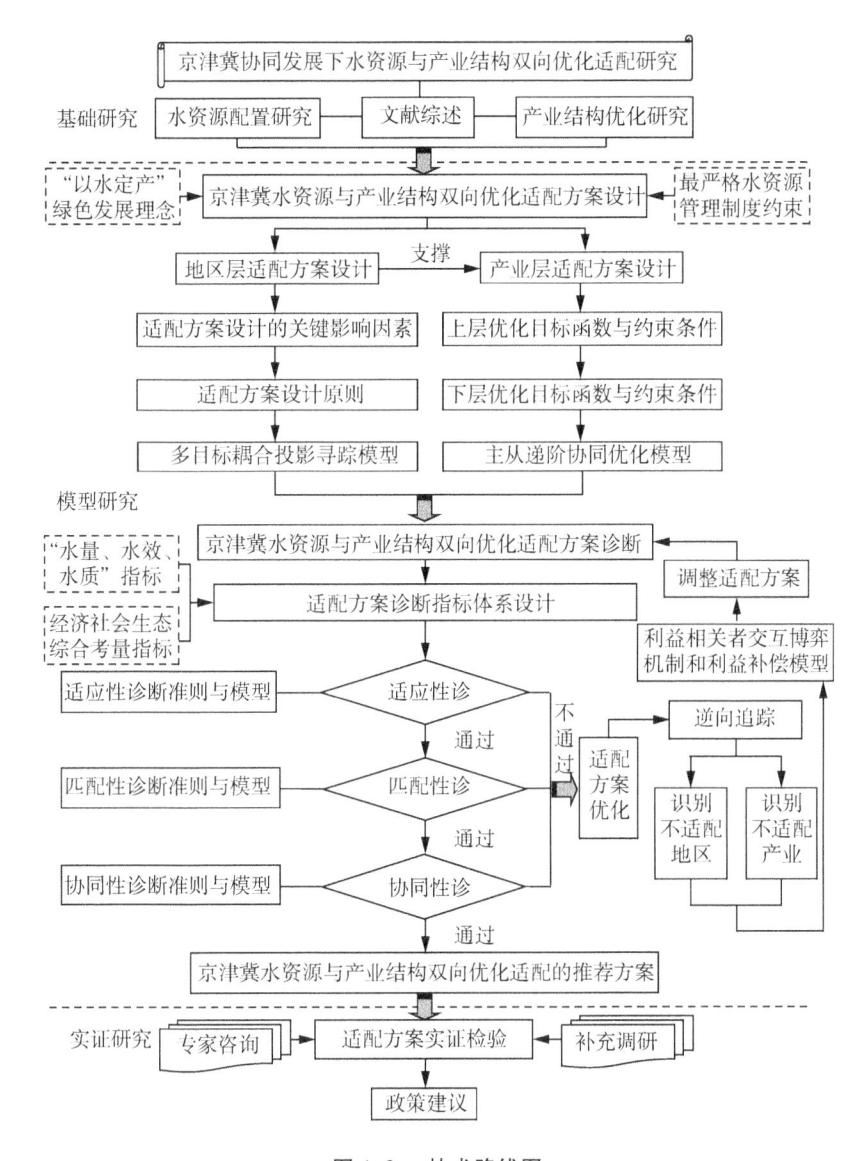

图 1.2　技术路线图

1.4　研究目标与创新点

1.4.1　研究目标

（1）完善京津冀水资源配置理论方法体系。本项研究面向新时期京津冀协同发展的水利战略需求，贯彻落实"以水定产"绿色发展理念，强化最严格水资源管理制度约束，按照"适配方案设计—适配方案诊断—适配方案优化"的"三步走"适应性管理研究思路，创新提出京津冀水资源与产业结构双向优化适配方法。首先，构建主从递阶协同优化决策方法，进行地区层和产业层的适配方案设计；其次，构建一套完善的诊断体系，从地区层和产业层两个层次，进行适配方案诊断；然后，构建地区层和产业层的利益相关者交互决策方法，进行适配方案优化。本项研究成果对于丰富京津冀水资源配置理论具有重要价值。

（2）提高京津冀水资源配置方法的科学性和实用性。本项研究按照"适应性管理"思路，开展京津冀水资源与产业结构双向优化适配研究。针对适配方案设计，以京津冀为整体进行系统性思考，将地区层的经济社会生态效益目标和产业层的三次产业发展目标进行耦合，构建主从递阶协同优化模型；针对适配方案诊断，充分体现地区层和产业层利益相关者的利益诉求，基于用水总量、用水效率、排污总量控制约束，将水资源配置"水量、水效、水质"指标进行耦合，同时纳入经济社会生态综合考量指标，系统设计一套完善的诊断指标体系，构造可操作性强的诊断准则以及实用性强的诊断模型；针对适配方案优化，加强地区层和产业层利益相关者的交互，建立利益相关者交互博弈机制和利益补偿模型。本项研究成果有利于提高京津冀水资源配置方法的科学实用性。

（3）为政府部门制定京津冀协同发展、水资源优化配置、产业结构优化等政策制度提供决策参考。本项研究贯彻落实国家和京津冀相关部门出台的《实行最严格水资源管理制度考核办法》《"十三五"时期京津冀国民经济和社会发展规划》《京津冀协同发展水利专项规划》等政策制度和政策指导文件，开展京津冀水资源与产业结构双向优化适配研究，强化最严格水资源管理制度约束，以水定产、以水定城，因地制宜进行适配方案实施的制度创新，提出保障适配方案实施的政策建议，保障京津冀水资源管理工作有序开展，实现京津冀水资源优化配置与产业结构优化升级，推动京津冀协同发展。本项研究成果将为京津冀政府部门制定宏观政策制度提供决策参考。

1.4.2 创新点

本书的研究属于应用基础研究，其创新之处体现在以下几个方面：

第一，按照"适应性管理"思路开展京津冀水资源与产业结构双向优化适配方法研究。本项研究贯彻落实"以水定产"绿色发展理念，强化最严格水资源管理制度约束,按照"适配方案设计—适配方案诊断—适配方案优化"的"三步走"适应性管理研究思路,深入开展京津冀水资源与产业结构双向优化适配方法研究,获得京津冀水资源与产业结构双向优化适配的推荐方案,为政府部门制定京津冀协同发展、水资源优化配置、产业结构优化等宏观政策制度提供决策参考,这在现有研究中属于跟踪性创新和方法创新研究。

第二,建立地区层与产业层交互的主从递阶协同优化模型。本项研究客观揭示了京津冀水资源与产业结构双向优化适配的不确定性、交互性等特征,将地区层的经济社会发展综合效益目标、产业层的三次产业发展目标进行耦合,以地区层的经济社会发展综合效益目标为主、产业层的三次产业发展目标为从,探索构建主从递阶协同优化模型,进行适配方案设计,模拟地区层和产业层利益相关者的利益交互过程,充分体现地区层和产业层利益相关者的利益诉求,实现京津冀水资源在地区层与产业层的优化配置以及产业结构优化升级,这在现有研究中属于跟踪性创新和方法创新研究。

第三,建立京津冀水资源与产业结构双向优化适配方案诊断体系。本项研究将水资源配置"水量、水效、水质"指标进行耦合,同时纳入经济社会生态综合考量指标,构建一套完善的诊断指标体系。并构造适应性、匹配性以及协同性诊断准则,构建京津冀水资源与产业结构双向优化适配方案的多维诊断方法,从地区层和产业层两个层次,对京津冀水资源与产业结构双向优化适配方案的合理性进行诊断。并以适配方案诊断结果为依据,探寻导致适配方案诊断结果存在不合理性的根源,优化适配方案,促进京津冀水资源与经济社会生态协调发展,推动京津冀协同发展,这在现有研究中属于跟踪性创新和方法创新研究。

第二章
京津冀水资源与产业结构关联性分析

本章在系统阐述京津冀水资源与产业结构发展概况基础上，提出了京津冀地区的产业用水量估算方法、京津冀水资源与产业结构的关联度测算方法、京津冀地区产业用水的驱动效应分解模型，确定了京津冀地区产业用水弹性系数及其驱动效应。

2.1 京津冀水资源概况

2.1.1 水资源供给概况

2.1.1.1 水资源量分析

京津冀地区属于资源型缺水特大城市群。由于地理、气候等因素影响，京津冀地区历年的降水量都大于蒸发量，年仅约 1/5 的降水量能够形成有效地面径流。除西北内陆地区之外，京津冀地区干旱指数最高。同时，京津冀地区降水年际变化大，降水量的 3/4～4/5 都集中在 7—8 月的主汛期。降雨的时间分布特征易于造成洪涝灾害，洪水大部分只能下泄入海，水资源可被真正有效利用的比例极低。京津冀地区人口众多，经济发展水平相对较高，而水资源总量和可利用量相对不足，进而造成人均水资源占有量极低，是中国人均水资源占有量最低的地区。

2000 年，京津冀整体的水资源总量仅为 165 亿立方米左右，其中，北京、天津、河北的水资源总量分别为 16.86 亿立方米、3.15 亿立方米、144.37 亿立方米。2000—2019 年,京津冀整体的水资源总量波动式变化显著,从 2000 年的 164.375 亿立方米波动式升至 2012 年的 307.92 亿立方米,再波动式降至 2019 年的 146.2 亿立方米。2000—2019 年,京津冀地区水资源量变化见图 2.1。

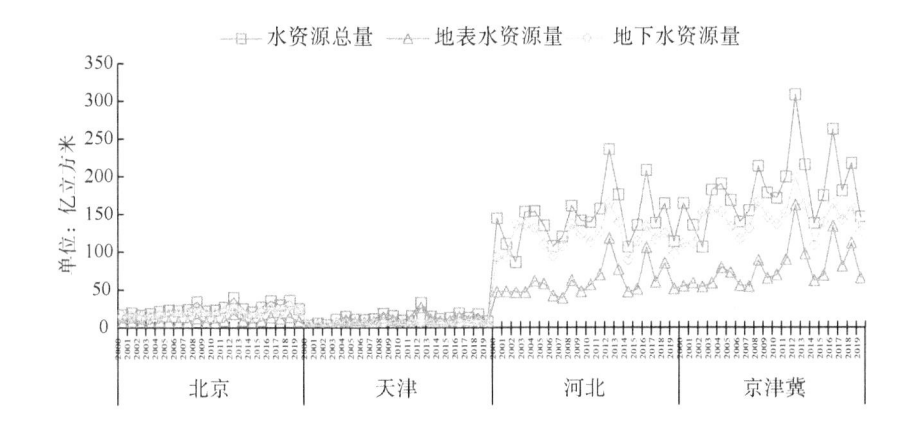

图 2.1 2000—2019 年京津冀地区水资源量变化

"十五"时期—"十三五"时期,京津冀各个地区的水资源量变化较为显著。不同规划期京津冀各个地区的水资源量变化见表 2.1。

表 2.1 不同规划期京津冀地区水资源量变化

规划期	地区	水资源总量均值/亿立方米	地表水资源量均值/亿立方米	地下水资源量均值/亿立方米	人均水资源量均值/立方米
"十五"	北京	19.65	6.96	16.04	134.37
	天津	8.97	5.69	3.79	87.87
	河北	127.67	51.97	121.08	188.34
	京津冀	156.29	64.62	140.90	168.72
"十一五"	北京	25.00	8.21	19.69	141.64
	天津	12.83	8.78	5.04	109.20
	河北	133.65	49.53	114.68	190.46
	京津冀	171.48	66.51	139.41	171.93
"十二五"	北京	27.64	10.47	20.59	131.76
	天津	17.43	13.05	5.29	120.75
	河北	161.98	72.45	126.55	221.18
	京津冀	207.05	95.98	152.43	190.50

续表

规划期	地区	水资源总量均值/亿立方米	地表水资源量均值/亿立方米	地下水资源量均值/亿立方米	人均水资源量均值/立方米
"十三五"	北京	31.25	12.23	24.55	144.46
	天津	14.41	9.95	5.78	92.35
	河北	156.05	75.65	118.05	207.36
	京津冀	201.71	97.83	148.38	179.29

注:"十三五"时期主要指2016—2019年统计数据,下同。

1. 水资源量

根据表2.1可知,从京津冀地区的水资源总量变化来看,"十五"时期—"十三五"时期,京津冀各个地区的水资源总量均值均有所增加,京津冀整体增长幅度为29%,其中北京、天津、河北的增长幅度分别为59%、61%、22%,天津增长幅度最大。但至"十三五"时期,京津冀整体的水资源总量均值仅达到201.71亿立方米。其中,北京水资源总量均值仅为31.25亿立方米,天津水资源总量均值低于北京的一半。河北在京津地区中水资源总量相对较多,均值为156.05亿立方米。"十五"时期,河北的水资源总量均值分别为北京、天津的6.50倍、14.23倍。至"十三五"时期,分别波动式降至4.99倍、10.83倍。

从京津冀地区的地表水资源量变化来看,"十五"时期—"十三五"时期,京津冀地区的地表水资源量均值总体呈增长态势,京津冀整体的地表水资源量均值的增长幅度为51%,北京地表水资源量均值增长幅度最大,达到76%,其次为天津(75%)、河北(46%)。但河北在京津地区中地表水资源量相对较多。"十五"时期,河北的地表水资源量均值分别为北京、天津的7.47倍、9.13倍。至"十三五"时期,分别降至6.19倍、7.60倍。

从京津冀地区的地下水资源量变化来看,"十五"时期—"十三五"时期,京津冀地区的地下水资源量均值总体呈缓慢增长态势,京津冀整体的地下水资源量均值的增长幅度仅为5%,北京地下水资源量均值增长幅度最大,达到53%,其次为天津(52.5%)、河北(-3%)。但河北相对于京津地区的地下水资源量较多。"十五"时期,河北的地下水资源量均值分别为北京、天津的7.55倍、31.95倍,至"十三五"时期,分别波动式降至4.81倍、20.42倍。

从京津冀地区的地表水资源量与地下水资源量对比变化来看,"十五"时期—"十三五"时期,京津冀地区的地下水资源量增长较快。"十五"时期,京津冀整体的地下水资源量均值为地表水资源量均值的2.18倍。至"十三五"

时期,降至1.52倍。同期,北京、天津、河北的地下水资源量均值与地表水资源量均值相比,分别从2.30倍、0.67倍、2.33倍降至2.01倍、0.58倍、1.56倍。

2. 人均水资源量

2000年,京津冀整体人均水资源量仅为180.45立方米,远低于国际公认的500立方米极度缺水警戒线,其中,北京、天津、河北的人均水资源量分别为123.61立方米、31.42立方米、214.07立方米。2000—2019年,京津冀整体人均水资源量波动式变化显著,2012年达到最高值285.91立方米,2019年降至129.30立方米。2000—2019年,京津冀地区人均水资源量变化见图2.2。

图2.2　2000—2019年京津冀地区人均水资源量变化

根据表2.1可知,从京津冀地区的人均水资源量变化来看,"十五"时期—"十三五"时期,京津冀地区的人均水资源量总体呈现增长态势。其中,京津冀整体的人均水资源量均值从168.72立方米增至179.29立方米。北京、天津、河北的人均水资源量均值分别从134.37立方米、87.87立方米、188.34立方米增至144.46立方米、92.35立方米、207.36立方米。但至2019年,北京人均水资源量降至114.23立方米。天津水资源极为匮乏,人均水资源量均值不足100立方米。与京津地区相比,河北人均水资源量相对较高,达到207.36立方米,但依然远低于国际公认的500立方米极度缺水警戒线。

从京津冀地区的人均水资源量对比来看,"十五"时期,河北的人均水资源量均值分别为北京、天津的1.40倍、2.14倍,"十一五"时期分别降至1.34倍、1.74倍,"十二五"时期分别提高到1.68倍、1.83倍。至"十三五"时期,河北的人均水资源量均值分别为北京、天津的1.44倍、2.25倍。

3. 水资源量占比

2000年,北京、天津、河北的水资源总量占京津冀整体的比重分别为10.26%、1.91%、87.83%。北京、天津、河北的地表水资源量占京津冀整体的比重分别为11.64%、1.14%、87.22%。北京、天津、河北的地下水资源量占京津冀整体的比重分别为13.68%、2.48%、83.84%。河北的水资源总量占京津冀整体的比重、地表水资源量占京津冀整体的比重均超过85%,河北的地下水资源量占京津冀整体的比重超过80%。"十五"时期—"十三五"时期,京津冀各个地区的水资源量占京津冀整体比重变化较为显著。不同规划期京津冀各个地区的水资源量占京津冀整体比重变化见表2.2。

表2.2 不同规划期京津冀地区水资源量占京津冀整体比重变化　　单位:%

规划期	地区	水资源总量占京津冀比重	地表水资源量占京津冀比重	地下水资源量占京津冀比重
"十五"	北京	12.90	10.81	11.60
	天津	5.46	8.42	2.67
	河北	81.63	80.77	85.72
	京津冀	100.00	100.00	100.00
"十一五"	北京	14.59	12.26	14.16
	天津	7.41	13.10	3.62
	河北	78.00	74.64	82.22
	京津冀	100.00	100.00	100.00
"十二五"	北京	13.57	11.00	13.63
	天津	8.16	13.14	3.45
	河北	78.27	75.86	82.92
	京津冀	100.00	100.00	100.00
"十三五"	北京	15.75	12.84	16.65
	天津	7.01	9.96	3.86
	河北	77.24	77.20	79.49
	京津冀	100.00	100.00	100.00

根据表2.2可知,从京津冀地区水资源总量占京津冀整体的比重对比变化来看,"十五"时期—"十三五"时期,北京、天津的水资源总量占京津冀整体比重呈现总体上升态势,而河北水资源总量占京津冀整体比重呈现总体下降态势。至"十三五"时期,北京水资源总量占京津冀整体比重均值从12.90%提高到15.75%,提高了2.85个百分点。天津从5.46%提高到7.01%,提高

了 1.55 个百分点,而河北从 81.63% 降至 77.24%,下降了 4.39 个百分点,但河北水资源总量占京津冀整体比重的均值依然超过 75%。

从京津冀地区地表水资源量占京津冀整体的比重对比变化来看,"十五"时期—"十三五"时期,北京、天津的地表水资源量占京津冀整体比重呈现总体上升态势,而河北的地表水资源量占京津冀整体比重呈现总体下降态势。至"十三五"时期,北京地表水资源量占京津冀整体比重均值从 10.81% 提高到 12.84%,提高了 2.03 个百分点,天津从 8.42% 提高到 9.96%,提高了 1.54 个百分点,而河北从 80.77% 降至 77.20%,下降了 3.57 个百分点,但河北地表水资源量占京津冀整体比重的均值依然超过 75%。

从京津冀地区地下水资源量占京津冀整体的比重对比变化来看,"十五"时期—"十三五"时期,北京、天津的地下水资源量占京津冀整体比重呈现总体上升态势,而河北的地下水资源量占京津冀整体比重呈现总体下降态势。至"十三五"时期,北京地下水资源量占京津冀整体比重从 11.60% 提高到 16.65%,提高了 5.05 个百分点,天津从 2.67% 提高到 3.86%,提高了 1.19 个百分点,而河北从 85.72% 降至 79.49%,下降了 6.23 个百分点,但河北地下水资源量占京津冀整体比重的均值依然超过 75%。

从京津冀地区地表水资源量、地下水资源量占京津冀整体的比重对比变化来看,北京、河北的地下水资源量占京津冀整体的比重高于地表水资源量占京津冀整体的比重,而天津的地表水资源量占京津冀整体的比重高于地下水资源量占京津冀整体的比重。"十五"时期,北京、河北的地下水资源量占京津冀整体比重的均值分别为地表水资源量占京津冀整体比重均值的 1.07 倍、1.06 倍,天津的地表水资源量占京津冀整体比重的均值为地下水资源量占京津冀整体比重均值的 3.15 倍;至"十三五"时期,北京略升至 1.30 倍,河北略降至 1.03 倍,天津降至 2.58 倍。

2.1.1.2 水资源供给分析

1. 水资源供给量与供给比重

京津冀地区的水资源供给量主要包括地表水供水量、地下水供水量以及其他供水量(包括南水北调水、再生水、海水淡化等)。2000—2019 年,京津冀地区供水量变化见图 2.3。

"十五"时期—"十三五"时期,京津冀整体的供水量均值从 260.49 亿立方米降至 249.96 亿立方米。其中,北京、天津的供水量持续增长,而河北的供水量有所减少。"十五"时期,北京、天津、河北的供水量均值分别为 35.52 亿立

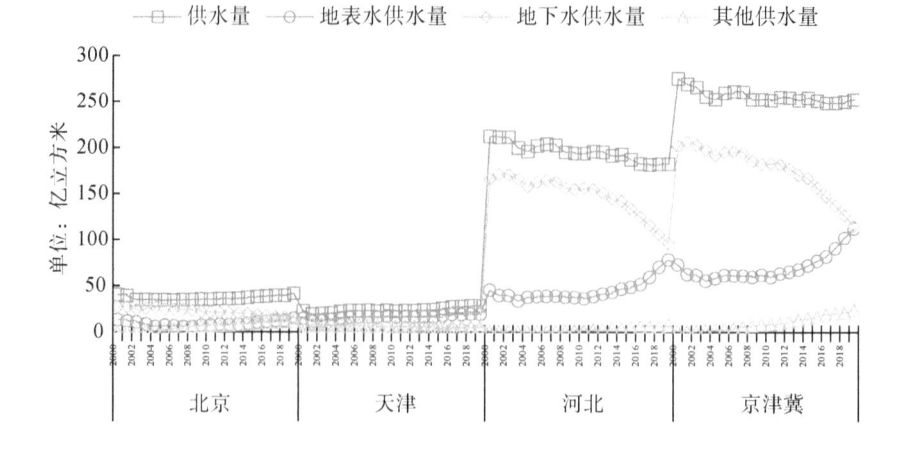

图 2.3　2000—2019 年京津冀地区供水量变化

方米、20.95 亿立方米、204.02 亿立方米。至"十三五"时期，北京、天津的供水量均值有所增加，分别达到 39.85 亿立方米、27.88 亿立方米。而河北供水量均值有所减少，降至 182.23 亿立方米。

不同规划期京津冀各个地区的水资源供给量与供给比重变化见表 2.3。

表 2.3　不同规划期京津冀地区水资源供给量与供给比重变化

规划期	地区	地表水供水量均值/亿立方米	地表水供水占比均值/%	地下水供水量均值/亿立方米	地下水供水占比均值/%	其他供水量均值/亿立方米	其他供水占比均值/%
"十五"	北京	8.62	24.13	25.72	72.47	1.18	3.40
	天津	13.44	63.88	7.47	35.95	0.04	0.18
	河北	37.76	18.51	165.50	81.12	0.76	0.37
	京津冀	59.83	22.96	198.68	76.27	1.98	0.77
"十一五"	北京	6.45	18.44	22.89	65.50	5.63	16.06
	天津	16.38	71.51	6.34	27.68	0.18	0.81
	河北	37.80	19.11	158.90	80.34	1.08	0.55
	京津冀	60.63	23.72	188.13	73.57	6.90	2.71
"十二五"	北京	8.83	23.95	19.82	53.96	8.14	22.09
	天津	16.57	69.18	5.45	22.82	1.94	8.01
	河北	43.68	22.72	145.27	75.41	3.58	1.87
	京津冀	69.07	27.28	170.53	67.32	13.66	5.40

续 表

规划期	地区	地表水供水量均值/亿立方米	地表水供水占比均值/%	地下水供水量均值/亿立方米	地下水供水占比均值/%	其他供水量均值/亿立方米	其他供水占比均值/%
"十三五"	北京	12.77	31.98	16.37	41.16	10.71	26.86
	天津	19.18	68.81	4.41	15.83	4.29	15.36
	河北	64.91	35.62	110.90	60.86	6.42	3.52
	京津冀	96.87	38.73	131.67	52.71	21.42	8.57

根据表2.3可知，从京津冀地区的地表水供水量与供给比重变化来看，"十五"时期—"十三五"时期，京津冀地区的地表水供水量总体呈增长态势，京津冀整体的地表水供水量均值的增长幅度高达62%，其中，河北地表水供水量均值的增长幅度最大（72%），其次为北京（48%）、天津（43%）。"十五"时期，河北的地表水供水量均值分别为北京、天津的4.38倍、2.81倍。至"十三五"时期，分别增至5.08倍、3.38倍。"十五"时期—"十三五"时期，京津冀整体的地表水供水量占比均值增长了15.77个百分点。其中，河北的地表水供水量占比均值增长最快，增长了17.11个百分点，其次为北京增长了7.85个百分点，天津增长了4.93个百分点。

从京津冀地区的地下水供水量与供给比重变化来看，"十五"时期—"十三五"时期，京津冀地区的地下水供水量总体呈减少态势，京津冀整体的地下水供水量均值的下降幅度为34%，天津地下水供水量均值的下降幅度最大（41%），其次为北京（36%）、河北（33%）。"十五"时期，河北的地下水供水量均值分别为北京、天津的6.43倍、22.16倍，至"十三五"时期，分别增至6.77倍、25.15倍。"十五"时期—"十三五"时期，京津冀整体的地下水供水量占比均值下降了23.56个百分点，北京的地下水供水量占比均值下降最快，下降了31.31个百分点，其次为河北下降了20.26个百分点，天津下降了20.12个百分点。

从京津冀地区的其他供水量与供给比重变化来看，"十五"时期—"十三五"时期，京津冀地区的其他供水量总体呈快速增长态势，京津冀整体的其他供水量均值增长为原来的10.82倍，天津其他供水量均值增长最快，增长为原来的107.25倍，其次为北京（9.08倍）、河北（8.45倍）。"十五"时期，北京的其他供水量均值分别为天津、河北的29.50倍、1.55倍，至"十三五"时期，分别快速降至2.50倍、1.67倍。"十五"时期—"十三五"时期，京津冀整体的其他供水量占比均值增长了7.80个百分点，北京的其他供水量占比均值增长最快，增长了23.46个百分点，其次为天津，增长了15.18个百分点，河北增长了3.15个百分点。

从京津冀地区的地表水供水量、地下水供水量、其他供水量对比来看，"十五"时期—"十三五"时期，北京的地下水供水量最大，天津的地表水供水量最大，河北地下水供水量最大，京津冀地区的其他供水量最小。"十五"时期，京津冀整体的地下水供水量均值为地表水供水量均值的3.32倍。至"十三五"时期，降至1.36倍。同期，北京、河北的地下水供水量与地表水供水量之差进一步缩小，北京、河北的地下水供水量均值与地表水供水量均值相比，分别从2.98倍、4.38倍降至1.28倍、1.71倍。天津的地表水供水量与地下水供水量之差进一步扩大，其地表水供水量均值与地下水供水量均值相比，从1.80倍升至4.35倍。至"十三五"时期，北京的其他供水量与地表水供水量的差距较小。

2. 供水量占比

京津冀各个地区的地表水供水量占京津冀整体比重、地下水供水量占京津冀整体比重的变化较为不明显，而其他供水量占京津冀整体比重的变化较为显著。不同规划期京津冀各个地区的供水量占京津冀整体比重分析见表2.4。

表2.4 不同规划期京津冀地区供水量占京津冀整体比重分析　　单位：%

规划期	地区	地表水供水量占京津冀比重	地下水供水量占京津冀比重	其他供水量占京津冀比重
"十五"	北京	14.36	12.95	45.22
	天津	22.55	3.76	1.38
	河北	63.09	83.29	53.40
	京津冀	100.00	100.00	100.00
"十一五"	北京	10.65	12.16	82.29
	天津	27.01	3.37	2.52
	河北	62.34	84.47	15.19
	京津冀	100.00	100.00	100.00
"十二五"	北京	12.75	11.62	60.49
	天津	24.07	3.19	13.49
	河北	63.19	85.18	26.01
	京津冀	100.00	100.00	100.00
"十三五"	北京	13.22	12.48	50.14
	天津	20.08	3.35	19.93
	河北	66.70	84.17	29.93
	京津冀	100.00	100.00	100.00

根据表2.4，从京津冀地区地表水供水量占京津冀整体的比重对比变化

来看,"十五"时期—"十三五"时期,北京、天津的地表水供水量占京津冀整体比重呈现"先下降、后上升"且总体下降态势,而河北的地表水供水量占京津冀整体比重呈现"先上升、后下降"且总体上升态势。但京津冀地区地表水供水量占京津冀整体的比重变化幅度均较小。其中,北京从"十五"时期的14.36%降至"十一五"时期的10.65%,然后持续升至"十三五"时期的13.22%,总体仅下降了1.14个百分点。天津从"十五"时期的22.55%升至"十一五"时期的27.01%,然后持续降至"十三五"时期的20.08%,总体仅下降了2.47个百分点。而河北从"十五"时期的63.09%降至"十一五"时期的62.34%,然后持续升至"十三五"时期的66.70%,总体提高了3.61个百分点。

从京津冀地区地下水供水量占京津冀整体的比重对比变化来看,"十五"时期—"十三五"时期,北京、天津的地下水供水量占京津冀整体比重呈现"先下降、后上升"且总体下降态势,而河北的地下水供水量占京津冀整体比重呈现"先上升、后下降"且总体上升态势。但京津冀地区地下水供水量占京津冀整体的比重变化幅度均较小。其中,北京从"十五"时期的12.95%持续降至"十二五"时期的11.62%,然后升至"十三五"时期的12.48%,总体仅下降了0.47个百分点。天津从"十五"时期的3.76%持续降至"十二五"时期的3.19%,然后升至"十三五"时期的3.35%,总体仅下降了0.41个百分点。而河北从"十五"时期的83.29%持续升至"十二五"时期的85.18%,然后降至"十三五"时期的84.17%,总体提高了0.88个百分点。

从京津冀地区其他供水量占京津冀整体的比重对比变化来看,"十五"时期—"十三五"时期,北京的其他供水量占京津冀整体比重呈现"先上升、后下降"且总体上升态势,天津的其他供水量占京津冀整体比重呈现持续上升态势,而河北的其他供水量占京津冀整体比重呈现"先下降、后上升"且总体下降态势。其中,北京从"十五"时期的45.22%快速升至"十一五"时期的82.29%,然后持续降至"十三五"时期的50.14%,总体提高了4.92个百分点。天津从"十五"时期的1.38%持续快速升至"十三五"时期的19.93%,总体提高了18.55个百分点。而河北从"十五"时期的53.40%快速降至"十一五"时期的15.19%,然后持续升至"十三五"时期的29.93%,总体降低了23.47个百分点。

从京津冀地区地表水、地下水、其他供水量占京津冀整体的比重对比变化来看,北京、天津、河北的差异较为明显。首先,针对北京地表水、地下水、其他供水量占京津冀整体的比重,北京的其他供水量占京津冀整体的比重最高,明显高于地表水供水量、地下水供水量占京津冀整体的比重。其次,针对天津地表水、地下水、其他供水量占京津冀整体的比重,天津的地表水供水量占京津冀整体的比重最高,明显高于地下水供水量、其他供水量占京津冀整体的比重。然后,针对河北地表水、地下水、其他供水量占京津冀整体的比重,河北的地下水供水量占京津冀整体的比重最高,明显高于地表水供水量、其他供水量占京津冀整体的比重。

2.1.1.3 水资源盈亏平衡分析

京津冀地区的水资源供需缺口较大,水资源总量不足以满足水资源利用量。京津冀地区水资源供需矛盾没有得到有效缓解,成为困扰京津冀地区经济社会发展的长期突出问题。京津冀地区水资源总量不足和经济社会快速发展之间的矛盾造成京津冀地区对地下水资源过度依赖,同时,天津对地表水资源也呈现过度依赖状态。但京津冀地区通过加强地下水资源保护,已逐渐摆脱对地下水资源的过度依赖。从京津冀各个地区的水资源总量与水资源供给量对比来看,不同规划期京津冀各个地区的水资源盈亏平衡分析见表2.5。

表2.5 不同规划期京津冀地区水资源盈亏平衡分析

规划期	地区	水资源盈亏总量均值/亿立方米	水资源总量盈亏率均值/%	地表水资源盈亏量均值/亿立方米	地表水资源盈亏率均值/%	地下水资源盈亏量均值/亿立方米	地下水资源盈亏率均值/%
"十五"	北京	-15.87	-83.72	-1.66	-29.59	-9.68	-61.46
	天津	-11.98	-189.36	-7.75	-209.11	-3.68	-133.04
	河北	-76.35	-68.87	14.20	26.34	-44.42	-39.98
	京津冀	-104.20	-75.51	4.79	5.31	-57.78	-43.63
"十一五"	北京	-9.97	-43.82	1.75	15.58	-3.20	-18.01
	天津	-10.07	-90.71	-7.60	-106.26	-1.30	-27.87
	河北	-64.14	-51.37	11.73	21.02	-44.22	-41.10
	京津冀	-84.18	-52.46	5.88	5.71	-48.72	-37.22
"十二五"	北京	-9.14	-39.76	1.64	4.75	0.77	1.29
	天津	-6.53	-59.01	-3.51	-52.31	-0.16	-8.45
	河北	-30.54	-27.30	28.78	31.67	-18.72	-19.06
	京津冀	-46.21	-31.10	26.91	18.23	-18.10	-15.74

续 表

规划期	地区	水资源盈亏总量均值/亿立方米	水资源总量盈亏率均值/%	地表水资源盈亏量均值/亿立方米	地表水资源盈亏率均值/%	地下水资源盈亏量均值/亿立方米	地下水资源盈亏率均值/%
"十三五"	北京	−8.58	−30.83	−0.55	−11.39	8.18	32.22
	天津	−13.47	−116.81	−9.23	−123.15	1.37	21.41
	河北	−26.18	−22.69	10.74	4.36	7.15	5.71
	京津冀	−48.23	−29.96	0.96	−9.54	16.70	10.92

注:水资源盈亏量=水资源总量−水资源供给量;水资源盈亏率=水资源盈亏量/水资源总量。

1. 水资源盈亏量

根据表2.5可知,从京津冀地区水资源盈亏总量绝对值的对比变化来看,河北水资源盈亏总量绝对值最大,北京、河北的水资源盈亏总量绝对值不断缩小,天津的水资源盈亏总量绝对值先缩小后扩大,且总体扩大。"十五"时期—"十三五"时期,京津冀整体水资源盈亏总量均值的绝对值从104.20亿立方米持续缩小到48.23亿立方米,下降幅度达到53.71%。其中,河北水资源盈亏总量均值的绝对值下降最快,从76.35亿立方米持续缩小到26.18亿立方米,下降幅度高达65.71%。其次为北京,从15.87亿立方米持续缩小到8.58亿立方米,下降幅度达到45.94%。而天津先从"十五"时期的11.98亿立方米持续缩小到"十二五"时期的6.53亿立方米,然后扩大到"十三五"时期的13.47亿立方米,总体增长幅度仅为12.44%。

从京津冀地区地表水资源盈亏量对比变化来看,北京地表水资源呈现"盈亏—盈余—盈亏"的交替变化态势,天津地表水资源一直处于盈亏状态,而河北地表水资源一直处于盈余状态,但波动式变化明显。"十五"时期—"十三五"时期,京津冀整体地表水资源一直处于盈余状态,但从4.79亿立方米降至0.96亿立方米,下降了79.96%。其中,"十五"时期,北京地表水资源盈亏量均值的绝对值为1.66亿立方米,"十一五"时期至"十二五"时期,北京地表水资源已从盈亏量转变为盈余量,但地表水资源盈余量均值有所下降,从1.75亿立方米降至1.64亿立方米。"十三五"时期,北京地表水资源再次转为盈亏量,地表水资源盈亏量均值的绝对值为0.55亿立方米。"十五"时期—"十二五"时期,天津地表水盈亏量均值的绝对值从7.75亿立方米降至3.51亿立方米,下降幅度达到50%左右。但至"十三五"时期,天津地表水盈亏量均值的绝对值又扩大到9.23亿立方米。"十五"时期—"十三五"时期,天津地表水盈亏量均值的绝对值增长幅度为19.10%。"十五"时期—"十二五"

时期,河北地表水资源盈亏量翻了一番,从14.20亿立方米增至28.78亿立方米。至"十三五"时期,河北地表水资源盈亏量降至10.74亿立方米,"十五"时期—"十三五"时期,河北地表水资源盈亏量总体下降幅度为24.37%。

从京津冀地区地下水资源盈亏量对比变化来看,京津冀地区地下水资源均从"盈亏"转变为"盈余"状态。"十五"时期—"十二五"时期,京津冀整体地下水资源一直处于盈亏状态,但地下水资源盈亏量均值的绝对值持续缩小,从57.78亿立方米缩小到18.10亿立方米,下降幅度达到68.67%。至"十三五"时期,京津冀整体地下水资源处于盈余状态,达到16.70亿立方米。其中,"十五"时期—"十一五"时期,北京地下水资源盈亏量均值的绝对值从9.68亿立方米缩小到3.20亿立方米,"十二五"时期至"十三五"时期,北京地下水资源已从盈亏量转变为盈余量,地下水资源盈余量均值持续扩大,从0.77亿立方米增至8.18亿立方米,增长了9.6倍。"十五"时期—"十二五"时期,天津地下水资源一直处于盈亏状态,天津地下水盈亏量均值的绝对值从3.68亿立方米降至0.16亿立方米,下降幅度达到95.65%。至"十三五"时期,天津地下水盈余量均值达到1.37亿立方米。"十五"时期—"十二五"时期,河北地下水资源一直处于盈亏状态,河北地下水盈亏量均值的绝对值从44.42亿立方米降至18.72亿立方米,下降幅度达到57.86%。至"十三五"时期,河北地下水盈余量均值达到7.15亿立方米。

2. 水资源盈亏率

从京津冀地区水资源总盈亏率对比变化来看,天津水资源总盈亏率的绝对值最大,京津冀地区水资源总盈亏率的绝对值不断缩小。"十五"时期—"十三五"时期,京津冀整体水资源总盈亏率均值的绝对值从75.51%持续降至29.96%,下降了45.55个百分点。其中,天津水资源总盈亏率的绝对值下降最快,天津水资源总盈亏率均值的绝对值从189.36%降至116.81%,下降了72.55个百分点。其次为北京,水资源总盈亏率均值的绝对值从83.72%降至30.83%,下降了52.89个百分点。河北水资源总盈亏率均值的绝对值从68.87%降至22.69%,下降了46.18个百分点。

从京津冀地区地表水资源盈亏率对比变化来看,天津的地表水资源盈亏率的绝对值最大,但总体缩小,北京的地表水资源盈亏率的绝对值总体缩小,并阶段性呈现地表水资源盈余状态。河北一直处于地表水资源盈余状态。"十五"时期—"十三五"时期,京津冀整体的地表水资源盈余率均值先从"十五"时期的5.31%增至"十二五"时期的18.23%,提高了12.92个百分点。至"十三五"时期,京津冀整体的地表水资源盈亏率均值为9.54%。其中,"十五"时期,北京的地表水资源盈亏率均值的绝对值为29.59%。"十一五"时期—"十二五"时期,北京的地表水资源盈亏率均值从15.58%降至4.75%,下降了10.83个百分点。"十三五"时期,北京的地表水资源盈亏率均值为11.39%。"十五"时期—"十三五"时期,北京的地表水资源盈亏率均值的绝对值下降了18.20个百分点。同时,天津的地表水资源盈亏率均值的绝对值从209.11%总体缩小到123.15%,下降了85.96个百分点。"十五"时期—"十三五"时期,河北地表水资源盈余率均值从26.34%降至4.36%,下降了21.98个百分点。

从京津冀地区地下水资源盈亏率对比变化来看,京津冀地区地下水资源盈亏率的绝对值不断缩小,并进入地下水资源盈余时期。"十五"时期—"十二五"时期,京津冀整体的地下水资源盈亏率均值的绝对值从43.63%缩小到15.74%,下降了27.89个百分点。至"十三五"时期,京津冀整体的地下水资源盈余率达到10.92%。其中,"十五"时期—"十一五"时期,北京地下水资源盈亏率均值的绝对值从61.46%缩小到18.01%,下降了43.45个百分点。"十二五"时期—"十三五"时期,北京地下水资源盈余率均值从1.29%增至32.22%。"十五"时期—"十二五"时期,天津、河北的地下水资源盈亏率均值的绝对值分别从133.04%、39.98%缩小到8.45%、19.06%,分别下降了124.59个百分点、20.92个百分点。至"十三五"时期,天津、河北的地下水资源盈余率均值分别达到21.41%、5.71%。

2.1.1.4 水资源负载指数测算

1. 水资源负载指数测算方法

针对干旱和半干旱地区,水资源负载指数研究主要依据地区降水、人口和农业灌溉面积3个指标数据与水资源量值间的关系,反映水资源承载人口和农业灌溉面积的程度。针对经济发展较快地区,如京津冀地区,通常采用地区生产总值替代农业灌溉面积。因此,京津冀地区水资源负载指数用地区水资源所能负载的人口和经济规模来表达,反映了京津冀地区水资源与人口和经济发展之间的关系。可用公式表示为

$$C_i(t) = K_i(t)\sqrt{P_i(t) \cdot G_i(t)}/W_i(t) \qquad (2.1)$$

式(2.1)中,$C_i(t)$($i=1,2,3$分别为北京、天津、河北)为第t时期京津冀第i个地区水资源负载指数;$P_i(t)$为第t时期京津冀第i个地区人口规模,万人;$G_i(t)$为第t时期京津冀第i个地区生产总值,亿元;$W_i(t)$为第t时期京津冀

第 i 个地区水资源总量,亿立方米;$K_i(t)$ 为第 t 时期与京津冀第 i 个地区降水有关的系数,可用公式表示为

$$K_i(t) = \begin{cases} 1.0 & R_i(t) \leqslant 200 \\ 1.0 - 0.1(R_i(t) - 200)/200 & 200 < R_i(t) \leqslant 400 \\ 0.9 - 0.2(R_i(t) - 400)/400 & 400 < R_i(t) \leqslant 800 \\ 0.7 - 0.2(R_i(t) - 800)/800 & 800 < R_i(t) \leqslant 1600 \\ 0.5 & R_i(t) > 1600 \end{cases} \quad (2.2)$$

式(2.2)中,$R_i(t)$ 为第 t 时期京津冀第 i 个地区降水量,毫米。

京津冀地区水资源负载指数实质上是反映京津冀地区单位水资源负载的地区人口-经济规模的一个可横向对比的无量纲值。京津冀地区水资源负载指数越低,表示京津冀地区单位水资源负载的地区人口-经济规模的程度越低,京津冀地区水资源负载指数仍有一定的提升空间。

京津冀地区水资源负载指数等级划分见表2.6。

表2.6 京津冀地区水资源负载指数等级划分

级别	水资源负载指数	单位水资源负载的地区人口-经济规模的程度
Ⅰ	>10	很高
Ⅱ	5~10	高
Ⅲ	2~5	中等
Ⅳ	1~2	较低
Ⅴ	<1	低

根据式(2.1),可进一步测算不同时期京津冀各个地区之间的水资源负载指数变异系数,可用公式表示为

$$CV_i(t) = \frac{\sqrt{\sum_{i=1}^{3}(C_i(t) - \sum_{i=1}^{3}C_i(t)/3)^2}}{3} \Bigg/ \frac{\sum_{i=1}^{3}C_i(t)}{3} \quad (2.3)$$

式(2.3)中,$CV_i(t)$ 为第 t 时期京津冀第 i 个地区水资源负载指数的变异系数。

2. 水资源负载指数测算

根据式(2.1)和式(2.2),不同时期京津冀各个地区的水资源负载指数变化见表2.7。

表 2.7 不同时期京津冀地区水资源负载指数变化

时期	北京	天津	河北	变异系数
2000	1.09	3.68	0.36	48.20%
2001	1.03	2.13	0.49	32.41%
2002	1.37	3.68	0.66	39.14%
2003	1.28	1.23	0.40	24.11%
2004	1.17	0.99	0.44	20.72%
2005	1.22	1.60	0.55	22.34%
2006	1.43	1.88	0.73	20.12%
2007	1.45	1.81	0.71	20.05%
2008	1.01	1.20	0.54	17.45%
2009	1.91	1.59	0.68	21.63%
2010	1.91	3.25	0.73	30.31%
2011	1.76	2.04	0.72	21.72%
2012	1.15	0.89	0.47	19.27%
2013	2.22	2.74	0.69	26.75%
2014	2.94	3.82	1.24	23.13%
2015	2.13	3.28	0.93	26.22%
2016	1.64	2.20	0.60	25.99%
2017	2.10	3.52	1.00	27.02%
2018	1.83	2.49	0.85	20.48%
2019	3.01	5.11	1.26	29.04%
"十五"	1.21	1.93	0.51	27.74%
"十一五"	1.54	1.94	0.68	21.91%
"十二五"	2.04	2.55	0.81	23.42%
"十三五"	2.17	3.23	0.92	25.63%
2000—2019	1.69	2.44	0.70	25.80%

根据表 2.7 可知，2000—2019 年，京津冀地区水资源负载指数均存在一定程度的波动性。北京、天津、河北的水资源负载指数均值分别为 1.69、2.44、0.70。京津冀地区水资源负载指数的总体排序为：天津最大，其次为北京、河北。"十五"—"十三五"时期，北京、天津、河北的水资源负载指数均值持续提升，上升幅度分别为 79.34%、67.36%、80.39%。至"十三五"时期，北京、天津的水资源负载指数均值分别超过 2.0、3.0，河北的水资源负载指数均值接近 1.0。根据表 2.6 中的京津冀地区水资源负载指数等级划分，北京、天

津的单位水资源负载的人口-经济规模程度已达到中等,而河北单位水资源负载的人口-经济规模程度低。"十五"时期,天津水资源负载指数均值分别达到北京、河北的1.60倍、3.78倍。至"十三五"时期分别降至1.49倍、3.51倍。

2000—2008年,京津冀地区水资源负载指数的差异系数不断缩小,说明北京、天津、河北单位水资源负载人口-经济规模程度的相对差异逐渐缩小。2008年京津冀地区水资源负载指数的差异系数达到最低值17.45%。2009—2019年,京津冀地区水资源负载指数的差异系数总体表现为扩大、缩小交替变化,2019年京津冀地区水资源负载指数的差异系数扩大到29.04%。

2.1.2 水资源利用概况

配第-克拉克定理和库兹涅茨定理很好地说明了水资源产业间优化的一般规律。随着经济发展进程的快速推进,第一产业水资源利用量占比将逐步下降,第二产业水资源利用量占比将逐步上升。在第二产业中,初始阶段轻工业比重较高,水资源利用量大,但后期进入重工业化阶段,重工业用水需求增加。最终,当经济发展进入高度发达阶段,第三产业将在国民经济或地区经济中占据主导地位,第三产业用水量也相应增加。由于第三产业用水效益高,第三产业水资源利用量明显低于其他产业,水资源与经济发展矛盾将逐步缓和。

2.1.2.1 水资源利用分析

京津冀各个地区的用水量主要包括生产、生活、生态等用水量。京津冀地区的生活用水量占比均超过全国平均水平,农业用水量占比几乎与全国持平,而工业用水量占比低于全国平均水平近十个百分点。京津冀地区工农业用水量占比有所下降,生活和生态用水占比逐年提升(2003年以前京津冀地区未单独统计生态用水数据)。1990—2019年,京津冀地区水资源利用变化见图2.4。

不同规划期京津冀各个地区的用水总量与行业用水量变化见表2.8。

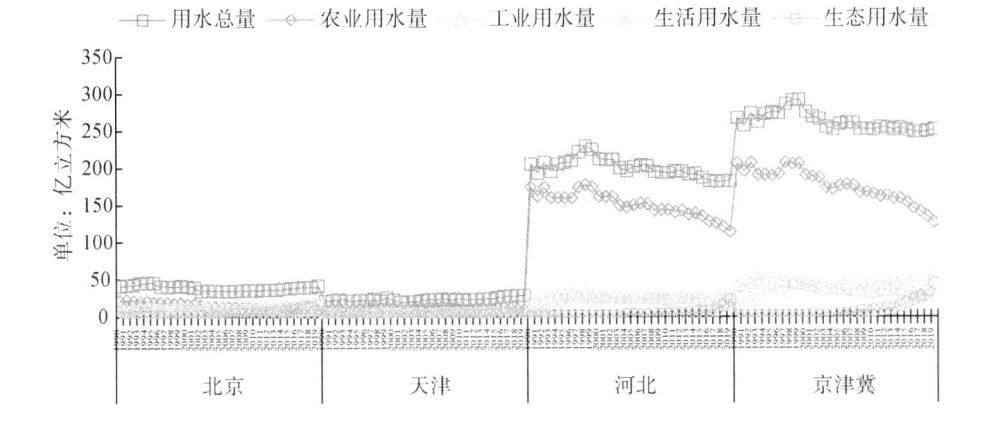

图 2.4 1990—2019 年京津冀地区水资源利用变化

表 2.8 不同规划期京津冀地区用水总量与行业用水量变化

规划期	地区	用水总量 均值/亿立方米	用水总量 占京津冀比重/%	农业用水 均值/亿立方米	农业用水 占京津冀比重/%	工业用水 均值/亿立方米	工业用水 占京津冀比重/%	生活用水 均值/亿立方米	生活用水 占京津冀比重/%
"八五"	北京	44.18	16.49	20.87	10.71	13.77	29.28	9.55	37.25
	天津	22.06	8.23	10.75	5.52	7.01	14.91	4.30	16.77
	河北	201.72	75.28	163.29	83.78	26.25	55.82	11.79	45.98
	京津冀	267.96	100.00	194.9	100.00	47.03	100.00	25.64	100.00
"九五"	北京	40.76	14.38	18.00	8.98	10.96	23.69	11.80	31.81
	天津	23.24	8.20	12.76	6.37	5.75	12.43	4.93	13.29
	河北	219.54	77.43	169.61	84.65	29.56	63.89	20.37	54.91
	京津冀	283.54	100.00	200.37	100.00	46.27	100.00	37.10	100.00
"十五"	北京	35.52	13.64	14.29	7.95	7.76	20.07	12.64	31.44
	天津	20.95	8.04	11.49	6.39	4.70	12.16	4.53	11.27
	河北	204.02	78.32	153.9	85.65	26.19	67.74	23.02	57.26
	京津冀	260.49	100.00	179.69	100.00	38.66	100.00	40.20	100.00
"十一五"	北京	34.98	13.68	11.47	6.70	5.48	15.91	15.00	34.31
	天津	22.90	8.96	12.81	7.48	4.32	12.54	4.98	11.39
	河北	197.78	77.36	147.01	85.82	24.64	71.54	23.74	54.30
	京津冀	255.67	100.00	171.30	100.00	34.44	100.00	43.72	100.00

续表

规划期	地区	用水总量		农业用水		工业用水		生活用水	
		均值/立方米	占京津冀比重/%	均值/立方米	占京津冀比重/%	均值/立方米	占京津冀比重/%	均值/立方米	占京津冀比重/%
"十二五"	北京	36.78	14.52	8.64	5.41	4.78	13.80	16.6	36.08
	天津	23.95	9.46	11.97	7.49	5.22	15.07	5.07	11.02
	河北	192.52	76.02	139.11	87.10	24.63	71.10	24.34	52.90
	京津冀	253.26	100.00	159.71	100.00	34.64	100.00	46.01	100.00
"十三五"	北京	39.83	15.93	4.75	3.45	3.48	11.99	18.30	35.28
	天津	27.88	11.15	10.48	7.61	5.48	18.92	6.65	12.83
	河北	182.23	72.91	122.37	88.93	20.02	69.09	26.91	51.89
	京津冀	249.94	100.00	137.60	100.00	28.98	100.00	51.87	100.00

注：数据系作者参考《中国统计年鉴1990—2019》《北京市水资源公报》《天津市水资源公报》《河北省水资源公报》计算得到。

1. 京津冀用水总量现状与用水比重

根据表2.8可知，"八五"时期—"十三五"时期，京津冀整体的用水总量均值呈现波动式下降趋势，从267.96亿立方米降至249.94亿立方米。其中，北京用水总量均值从44.18亿立方米波动式降至39.83亿立方米，占京津冀整体用水总量比重均值从16.49%降至15.93%。天津用水总量均值从22.06亿立方米波动式升至27.88亿立方米，占京津冀整体用水总量比重均值从8.23%升至11.15%。河北用水总量均值从201.72亿立方米波动式降至182.23亿立方米，占京津冀整体用水总量比重均值从75.28%降至72.91%。综合来看，"八五"时期—"十三五"时期，北京、天津、河北用水总量占京津冀整体用水总量比重的总体均值分别为14.77%、9.01%、76.22%。

2. 京津冀农业用水量现状与用水比重

根据表2.8可知，"八五"时期—"十三五"时期，京津冀整体的农业用水量均值下降超过50亿立方米。至"十三五"时期，京津冀整体的农业用水量均值为137.60亿立方米，京津冀整体的农业用水结构占比均值已降至55%。其中，北京农业用水量均值快速下降，从20.87亿立方米降至4.75亿立方米，下降幅度超过75%。同期，北京农业用水占京津冀整体农业用水的比重从10.71%快速降至3.45%，下降超过7个百分点。天津农业用水量均值波动式变化，但稳定在11亿立方米左右。同期，天津农业用水占京津冀整体农业用水的比重从5.52%升至7.61%，上升超过2个百分点。河北农业用水量均值逐步下降，从163.29亿立方米降至122.37亿立方米。同期，河北农业用水占京津冀整体农业用水的比重从83.78%升至88.93%,上升超过5个百分点。综合来看,北京、天津、河北农业用水占京津冀整体农业用水比重的总体均值分别为7.20%、6.81%、85.99%。

3. 京津冀工业用水量现状与用水比重

根据表2.8可知,"八五"时期—"十三五"时期,京津冀整体的工业用水量均值呈现波动式下降趋势,下降超过18亿立方米。至"十三五"时期,京津冀整体的工业用水量均值为28.98亿立方米,京津冀整体的工业用水结构占比均值约12%。其中,北京工业用水量均值快速下降,从13.77亿立方米降至3.48亿立方米,下降幅度为75%。同期,北京工业用水占京津冀整体工业用水的比重从29.28%快速降至11.99%,下降超过17个百分点。天津工业用水量均值波动式下降,从7.01亿立方米降至5.48亿立方米,下降幅度为22%。同期,天津工业用水占京津冀整体工业用水的比重从14.91%波动式升至18.92%,上升超过4个百分点。河北工业用水量均值波动式下降,从26.25亿立方米降至20.02亿立方米,下降幅度为24%。同期,河北工业用水占京津冀整体工业用水的比重从55.82%逐渐升至69.09%,上升超过13个百分点。综合来看,北京、天津、河北工业用水占京津冀整体工业用水比重的总体均值分别为19.12%、14.34%、66.53%。

4. 京津冀生活用水量现状与用水比重

根据表2.8可知,"八五"时期—"十三五"时期,京津冀整体的生活用水量均值上升了一倍,增长超过26亿立方米。"十三五"时期,京津冀整体的生活用水量均值为51.87亿立方米。京津冀整体的生活用水结构占比均值已超过20%。其中,北京生活用水量均值快速上升,从9.55亿立方米升至18.30亿立方米,上升了近1倍。同期,北京生活用水占京津冀整体生活用水的比重从37.25%先波动式降至36.08%,后略降至35.28%。天津生活用水量均值快速上升,从4.30亿立方米升至6.65亿立方米,上升幅度为55%。同期,天津生活用水占京津冀整体生活用水的比重从16.77%波动式降至12.83%。河北生活用水量均值快速上升,从11.79亿立方米升至26.91亿立方米,上升近1.3倍。同期,河北生活用水占京津冀整体生活用水的比重从45.98%升至51.89%,上升近6个百分点。综合来看,北京、天津、河北生活用水占京津冀整体生活用水比重的总体均值分别为34.36%、12.76%、52.87%。

综上,河北农业用水仍然是京津冀整体的首要用水大户,占京津冀整体农业用水的比重接近90%。同时,河北工业占京津冀整体工业用水的比重基接近70%,河北生活用水占京津冀整体生活用水的比重超过50%。

2.1.2.2 水资源利用结构变化与双控行动成效

"十三五"时期,北京农业用水在北京用水结构中占比仅排第三位,北京生活用水在北京用水结构中占比位居首位,其次为生态用水占比。与北京相比,天津工农业用水占比明显偏高,生活和生态用水明显偏低。河北农业用水在河北用水结构中占比接近70%,河北工业用水在河北用水结构中占比接近11%。不同规划期京津冀各个地区的行业用水结构调整与双控行动成效见表2.9。

表2.9 不同规划期京津冀地区行业用水结构调整与双控行动成效

规划期	地区	用水结构占比/% 农业	工业	生活	用水量增长变化/亿立方米 农业	工业	生活	用水强度变化指数 农业	工业
"八五"	北京	47.34	31.11	21.54	−2.41	1.44	4.73	0.53	0.46
	天津	48.66	31.82	19.52	0.12	0.80	0.25	0.45	0.4
	河北	81.00	13.00	5.80	−14.24	6.54	10.50	0.33	0.4
	京津冀	72.78	17.54	9.53	−16.53	8.78	15.48	0.36	0.42
"九五"	北京	44.15	26.90	28.95	−2.84	−3.26	1.62	0.79	0.48
	天津	54.88	24.78	21.23	1.60	−2.05	0.82	0.95	0.43
	河北	77.23	13.48	9.29	1.73	−1.75	4.38	0.77	0.49
	京津冀	70.65	16.33	13.09	0.49	−7.06	6.82	0.79	0.48
"十五"	北京	40.13	21.81	35.70	−3.82	−3.72	0.54	0.69	0.32
	天津	54.71	22.52	21.76	1.51	−0.83	−0.68	0.74	0.34
	河北	75.42	12.84	11.29	−11.52	−1.68	0.60	0.55	0.44
	京津冀	68.96	14.84	15.44	−13.83	−5.67	0.46	0.57	0.39
"十一五"	北京	32.80	15.69	42.87	−1.84	−1.74	1.37	0.61	0.46
	天津	55.92	18.88	21.74	−2.62	0.32	0.94	0.62	0.48
	河北	74.32	12.45	12.01	−6.45	−2.60	0.30	0.52	0.44
	京津冀	66.98	13.47	17.11	−10.91	−1.93	2.61	0.53	0.45
"十二五"	北京	23.57	13.03	45.21	−4.43	−1.26	2.20	0.52	0.56
	天津	50.00	21.83	21.21	1.53	0.47	−0.58	0.79	0.69
	河北	72.25	12.79	12.64	−8.47	−0.56	0.42	0.67	0.74
	京津冀	63.06	13.67	18.17	−11.37	−4.60	2.04	0.67	0.69
"十三五"	北京	11.98	8.74	45.97	−2.70	−0.50	1.20	0.71	0.76
	天津	37.66	19.67	23.82	−3.30	0.20	2.60	0.86	1.65
	河北	67.15	10.99	14.77	−21.00	−3.70	2.60	0.80	0.92
	京津冀	55.07	11.60	20.75	−27.00	−3.40	6.40	0.80	1.01

根据表2.9，①从行业用水结构调整看，"八五"时期—"十三五"时期，京津冀地区工农业用水结构占比持续下降，生活用水结构占比持续上升。但各地区行业用水结构存在显著差异。至"十三五"时期，北京农业、工业、生活用水结构占比均值的变化幅度分别为－35.36%、－22.37%、24.43%，从农业用水结构占比均值最大（47.34%）转变为生活用水结构占比均值最大（45.97%）。天津农业、工业、生活用水结构占比均值的变化幅度分别为－11.00%、－12.15%、4.30%，农业用水结构占比均值仍最大，仅从48.66%降至37.66%。但从"十一五"时期开始，生活用水已逐渐超过工业用水结构占比均值。河北农业、工业、生活用水结构占比均值的变化幅度分别为－13.85%、－2.01%、8.97%，农业用水结构占比均值仍最大，仅从81.00%降至67.15%。至"十三五"时期，生活用水已超过工业用水结构占比均值。

②从双控行动成效看，首先，"八五"时期—"十三五"时期，北京工农业用水均为负增长（仅"八五"时期工业用水增长），生活用水量增长变化趋势分别为总体下降，从4.73亿立方米降至1.20亿立方米。天津农业用水量增长变化趋势为波动式下降，逐渐实现负增长。其工业、生活用水量变化趋势为波动式下降和上升，分别从0.80、0.25亿立方米升至0.20、2.60亿立方米。河北工农业用水总体为负增长。生活用水量增长变化趋势为总体下降，从"八五"时期的10.50亿立方米降至"十一五"时期的0.30立方米，至"十三五"时期升至2.60亿立方米。其次，京津冀地区农业、工业用水强度变化指数始终小于1，用水效率持续提升（仅"十三五"时期天津和京津冀整体的工业用水强度变化指数大于1，用水效率未得到有效提升），但提升空间逐步缩小。其中北京比津冀地区的工业用水效率提升快，河北比京津地区的农业用水效率提升快（仅"十三五"时期北京农业用水效率提升略快于河北）。

从京津冀的用水结构调整看，北京用水结构具有明显的独特性和唯一性。与北京相比较，天津农业和工业用水量明显偏高，生活用水量明显偏低。河北用水分布较京津地区存在明显差异，农业用水占比极高，是京津冀地区水资源首要消耗大户。京津冀整体农业用水比例几乎与全国持平，而工业用水比重则较全国平均水平低了近10个百分点，其主要与京津冀产业结构有关。工业内部的结构差异性导致了水资源使用结构的差异性。研究表明，河北工业结构中，黑色金属冶炼及压延加工，电力、热力的生产与供应等重工业仍占据主导地位，京津地区水资源耗用水平较低的通信设备、计算机制造、交通运输设备制造等行业居于主导地位。

2.2 京津冀产业发展概况

2.2.1 经济产业增长变化

2.2.1.1 京津冀整体经济产业增长变化

京津冀经济发展进程中，第一产业贡献率下降并逐渐趋于平稳。京津冀第一产业以农林渔牧为主，既是促进经济发展和保持社会稳定的前提，也是解决社会矛盾的根本。推进京津冀农业现代化，保证粮食安全是实现京津冀稳定发展的重要任务之一。

京津冀第二产业是构成京津冀经济实力的重要基础，京津冀经济发展进程中，第二产业贡献率逐渐平稳下降。京津冀的工业发展重点体现了京津冀第二产业的发展状况和水平。京津冀作为一个典型的第二产业以重工业为主导的城市群，各个地区的重工业均较为发达，轻工业比重偏低。京津冀各个地区已初步形成自己的主导产业，如北京的汽车制造业，计算机、通信和其他电子设备制造业；天津的黑色金属冶炼和压延加工业，汽车制造业，计算机、通信和其他电子设备制造业；河北的黑色金属冶炼和压延加工业，金属制造业，电力、热力生产和供应业。但京津冀各个地区的部分产业发展存在趋同现象。如北京和天津在汽车制造业，计算机、通信和其他电子设备制造业，石油化工、炼焦和核燃料加工业方面发展程度相似；天津和河北在黑色金属冶炼和压延加工业，石油加工、炼焦和核燃料加工业，化学原料和化学制品制造业等方面存在相似的发展程度，成为京津冀产业结构优化、实现京津冀协同发展的一项重要任务。

京津冀第三产业以服务业和流通业为主，京津冀经济发展进程中，第三产业贡献率稳步上升。北京金融业发展最为迅速，同时在批发和零售业，信息传输、软件和信息技术服务业，租赁和商务服务业，科学研究和技术服务业，房地产业等方面发展迅速。天津在批发和零售业，租赁和商务服务业、金融业方面发展较快。河北在交通运输、仓储和邮政业，房地产业，水利、环境和公共设施管理业等方面发展较快，但金融业发展缓慢。

"八五"时期—"十三五"时期，京津冀整体的经济产业增长率变化见图2.5。

京津冀经济发展进程中，至"十二五"时期，天津和河北三次产业贡献率

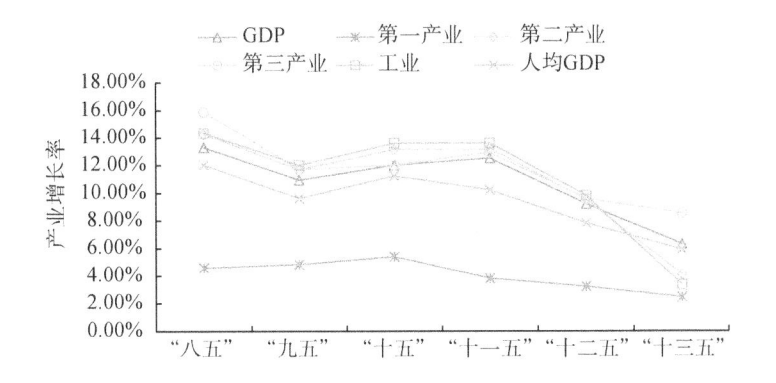

图 2.5　"八五"时期—"十三五"时期津冀整体的经济产业增长率变化

注：数据按 1990 年可比价计算得到。

排序为"二三一"格局，第三产业发展较为缓慢，尤其是河北第一产业贡献率虽有所下降，但仍属于偏高的状态。"十三五"时期，京津冀三次产业贡献率排序逐步形成了"三二一"格局。

京津冀协同发展战略背景下，京津冀正逐步形成"北京引领发展、天津高端发展、河北规模发展"的发展格局，其核心是产业的对接。因此，如何在京津冀各个地区之间进行适当的产业分工、产业转移和产业对接，提升京津冀产业结构高级化水平，推动京津冀协同发展，是京津冀经济产业结构调整与转型升级的重要任务和发展方向。

2.2.1.2　京津冀地区经济产业增长变化

1. 北京经济产业增长变化

北京经济规模大幅增长，经济增速持续下降，服务业迅猛发展，产业结构形成"三二一"格局，且升至发达国家水平。北京以大幅度提升经济产业综合竞争力为目标，突出发挥科技进步和信息化对经济产业升级的推动作用，大力发展电子与信息、生物医药、新材料等高新技术产业和现代制造业，优先发展以金融业、计算机服务和软件业为代表的知识密集型现代服务业，重点发展金融、商贸物流、文化等现代化服务业，特别是金融、物流等生产性制造业，保持商业、旅游业的优势地位，适度发展服装、食品等都市型工业，限制和转移高消耗、高污染的产业。北京现代服务业发展强劲，经济产业内部行业进一步优化调整，现代制造业平均增速高于工业，现代服务业增速高于第三产业。

"八五"时期—"十三五"时期,北京经济产业增长率变化见图2.6。

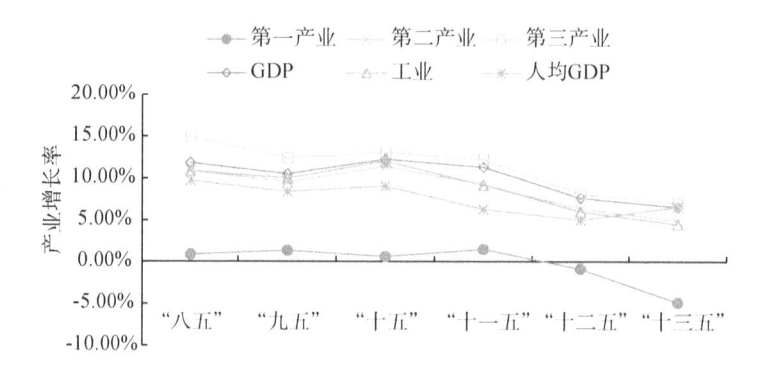

图2.6 "八五"时期—"十三五"时期北京经济产业增长率变化
注:数据按1990年可比价计算得到。

2. 天津经济产业增长变化

天津经济总量快速增长,2013年以前,产业结构以第二产业为主导,第三产业增速较快,服务业发展相对落后。天津形成以电子信息和现代化医药为主的高新技术产业,以石油、化工、冶金等装置型重化工业为主的临港产业,以汽车、造船为主的交通运输设备制造业,以物流、社会服务、金融、房地产为主的先进服务业和以传统商贸服务为主的传统服务业。天津工业是经济增长的主要推动力,对天津经济增长的贡献很大。自2014年开始,天津第三产业对天津经济增长的作用已超过第二产业,形成"三二一"格局。

"八五"时期—"十三五"时期,天津经济产业增长率变化见图2.7。

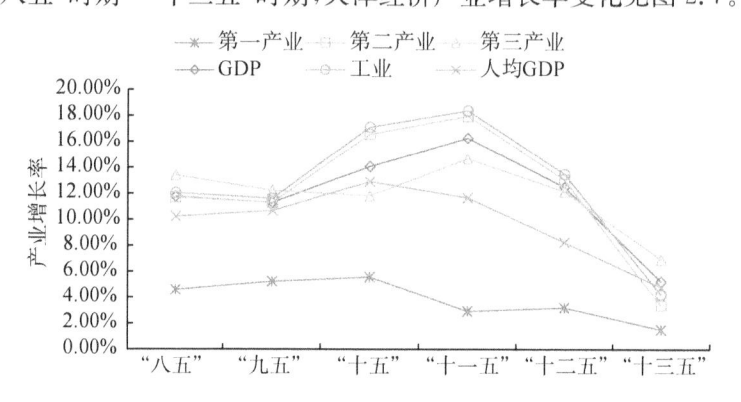

图2.7 "八五"时期—"十三五"时期天津经济产业增长率变化
注:数据按1990年可比价计算得到。

3. 河北经济产业增长变化

河北经济总量稳定增长，经济增速降幅较大，产业结构为典型的重工业主导型，经济发展综合实力不强。河北产业结构先后经历新中国成立初期的"一三二"格局、改革开放后的"二一三"格局、新世纪的"二三一"格局，最终演变为"十三五"时期的"三二一"格局，经济产业结构日趋合理，不断优化升级。至"十二五"末，河北是典型的高耗能、高耗水、低附加值型产业结构，主导产业是钢铁、装备制造、石油炼化、石油石化、建材建筑等十大产业，产业增长方式为粗放型方式。"十三五"时期，京津冀协同发展背景下，河北逐渐促进与北京、天津的深度融合，充分利用北京的科技、文化中心地位，以及天津高端制造、港口优势，有效承接京津产业转移和功能疏解，接受京津科技、人才、信息等高级要素的溢出，迅速提升河北经济发展水平。同时，为弥补人口众多的北京市在第一产业上的短板，河北大力发展现代农业，形成京冀联系产业优势互补和经济一体化。

"八五"时期—"十三五"时期，河北经济产业增长率变化见图2.8。

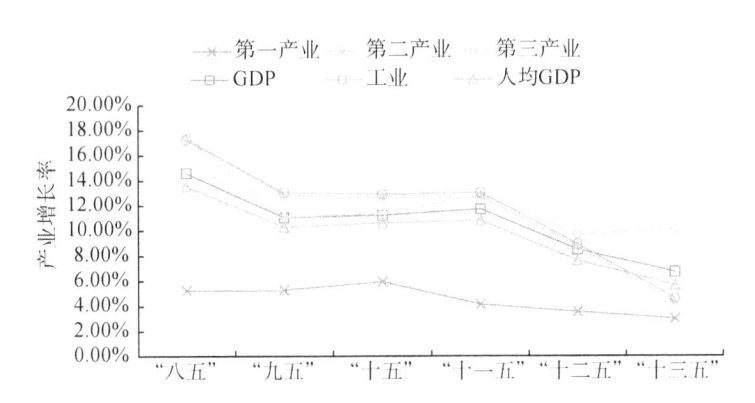

图2.8 "八五"时期—"十三五"时期河北经济产业增长率变化

注：数据按1990年可比价计算得到。

2.2.2 产业结构变动

2.2.2.1 产业结构变动差异

20世纪50年代，英国经济学家科林·克拉克通过分析40多个国家和地区不同时期三次产业劳动投入和总产出之间的关系，总结出了国民收入水平与三次产业之间的变动关系：随着一个国家经济发展和收入水平提高，第一产业劳动力人数逐步下降,第二产业和第三产业劳动力人数逐步上升。也就是说,经济发展初期,第一产业产值比重相对较高。但随着经济社会的快速发展和劳动生产率的提高,第一产业比重将呈现逐步下降态势,第二产业将占据经济主导地位。当经济进入高度发达阶段,第二产业比重将经历与第一产业相似的萎缩过程,以服务业为主的第三产业将成为经济发展过程中新的主导产业。即随着经济发展程度的提高,主导产业将由第一产业向第二产业,进而再向第三产业转移。2008年世界不同收入国家的产业构成见表2.10。

表2.10　2008年世界不同收入国家的产业构成　　单位:%

国家和地区	第一产业比重	第二产业比重	第三产业比重
世界	3	28	69
最不发达地区	25.1	28.9	46.1
中等偏下收入国家	13.7	40.8	45.5
中低收入国家	10.5	36.6	52.9
中等偏上收入国家	6	32.6	61.4
高收入国家	1.4	26.1	72.5
中国	11.3	48.6	40.1

注:数据根据世界银行WDI数据库资料整理得到。

"八五"时期—"十三五"时期,伴随中国城镇化与工业化进程加速,京津冀地区加快产业结构调整与转型升级,第一、第二产业结构占比稳步下降,第三产业结构占比快速上升(见图2.9)。北京经济发展已进入后工业化时期,以第三产业为主。其中第一产业、第二产业结构占比均值分别从6.28%、46.57%降至0.41%、17.74%,第三产业结构占比均值从47.16%升至81.85%。天津经济发展从工业化后期迈向后工业化时期,第三产业逐渐成为主导产业,但第二产业结构占比仍较高。其中第一、第二产业结构占比均值分别从7.07%、56.73%降至1.19%、38.67%,第三产业结构占比均值从36.20%持续升至60.14%。河北经济发展从工业化时期迈向工业化后期,以第二产业为主,第二、第三产业同步发展。其中第一产业结构占比均值从20.57%持续降至10.10%,第二产业结构占比均值从"八五"时期的46.49%先持续升至"十一五"时期的53.01%,后降至"十三五"的43.15%,第三产业结构占比均值从32.94%升至46.75%。至"十三五"时期,第三产业结构占比均值超过第二产业。

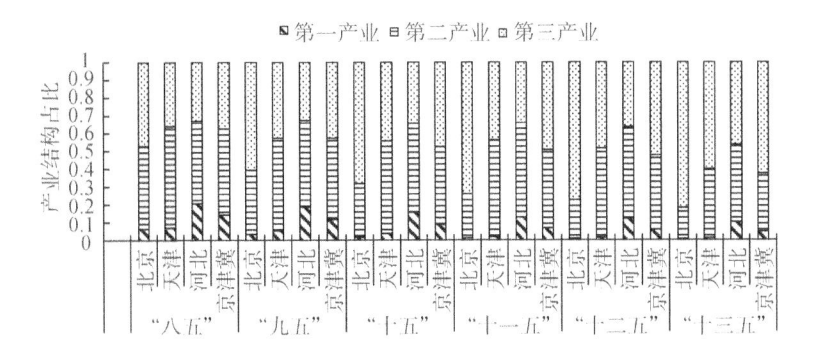

图 2.9 不同规划期京津冀地区经济产业结构变化

根据图 2.9,天津市第一产业比重已达到高收入国家水平,但第二产业比重相对于高收入国家的 26.1% 仍偏高,属于中等偏下收入国家水平。第三产业比重相对于高收入国家的 72.5% 仍偏低,属于中低收入国家水平。河北省第一产业、第二产业、第三产业的比重相对于高收入国家的 1.4%、26.1%、72.5% 均存在较大差距,属于中低收入国家水平。

从农业、工业与服务业结构变化来看,"八五"时期—"十三五"时期,工农业结构占比持续快速下降,服务业结构占比持续快速上升(见图 2.10)。北京农业、工业结构占比均值分别从 6.28%、38.75% 降至 0.41%、13.86%,服务业结构占比均值从 47.16% 升至 81.85%。天津农业、工业结构占比均值分别从 7.07%、51.44% 降至 1.20%、34.51%,服务业结构占比均值从 36.20% 升至 60.14%。河北农业结构占比均值从 20.57% 降至 10.65%,工业结构占比均值从 41.39% 先升至 47.63%、后降至 37.15%,服务业结构占比均值从 32.94% 升至 46.75%。

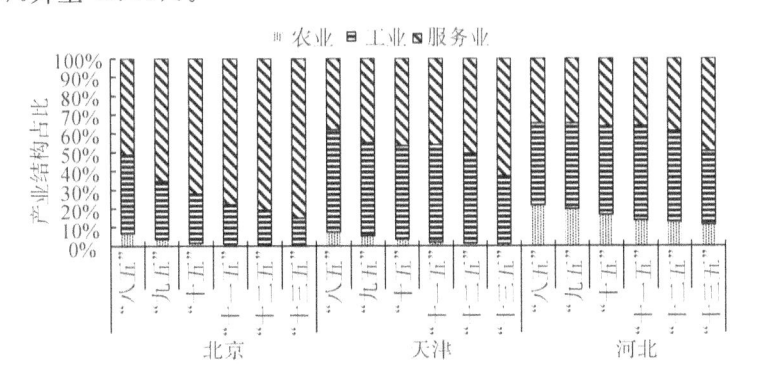

图 2.10 不同规划期京津冀地区农业、工业与服务业结构变化

2.2.2.2 产业结构变动系数

产业结构变动系数主要是通过三次产业的当期产值比重与基期产值比重的比较,揭示产业结构变动的方向。不同规划期京津冀各个地区的三次产业结构变动系数见图 2.11。

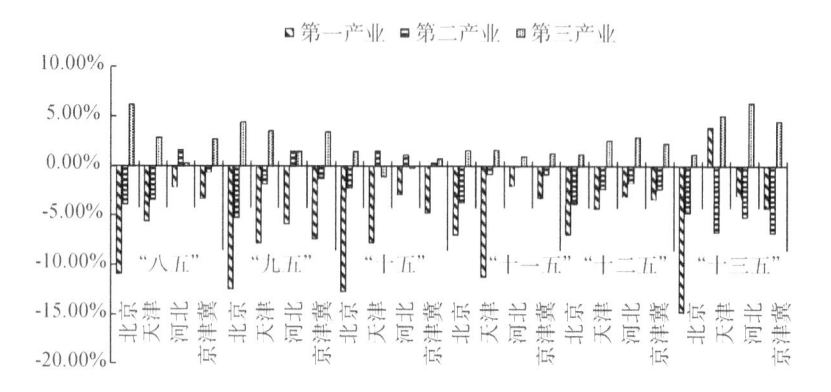

图 2.11 不同规划期京津冀地区三次产业结构变动系数

注:指标数据系作者参考《中国统计年鉴 1981—2019》计算得到。

从图 2.11 中可以看出,"八五"时期—"十三五"时期,京津冀地区第一产业结构变动系数均值始终为负值(仅"十三五"时期天津为正值),说明京津冀地区第一产业呈现快速收缩态势。其中,北京收缩趋势尤为明显,"八五"—"十五"时期,北京第一产业变动系数均值的绝对值达到 10%以上。"十一五"—"十二五"时期,北京第一产业变动系数均值的绝对值接近 7%。至"十三五"时期,北京第一产业变动系数均值的绝对值接近 15%。"八五"时期—"十二五"时期,天津第一产业变动系数均值的绝对值在 4%~8%区间变化,仅"十一五"时期超过 10%。至"十三五"时期,第一产业变动系数均值为 3.19%。"八五"时期—"十三五"时期,河北第一产业变动系数均值的绝对值主要在 2%~3%区间变化,仅"九五"时期接近 6%。

"八五"时期—"十三五"时期,京津冀地区第二产业结构变动系数均值总体为负值,说明京津冀地区第二产业呈现逐步收缩态势。"八五"时期—"九五"时期,京津地区第二产业结构变动系数均值为负值,而河北第二产业结构变动系数均值为正值。至"十五"时期,京津冀地区第二产业结构变动系数均值均为正值。"十一五"时期—"十三五"时期,京津冀地区第二产业结构变动系数均值始终为负值。总体来看,北京第二产业收缩较为明显,北京第二产业变动系数均值的绝对值高于天津和河北。

"八五"时期—"十三五"时期,京津冀地区第三产业结构变动系数均值始终为正值(仅"十五"时期津冀地区为负值),说明京津冀地区第三产业呈现较为稳定的扩张态势。其中,北京第三产业扩张态势由强到弱,北京第三产业结构变动系数均值从"八五"时期的 6.18%持续降至"十三五"时期的 1.20%。天津和河北的第三产业结构变动系数均值均处于波动性扩大阶段,且具有相似阶段性特征,分别从"八五"时期的 2.86%、0.27%扩大到"十三五"时期的 5.06%、6.34%。"十五"时期,天津和河北的第三产业结构变动系数均值均为负值,分别为-1.08%、-0.20%。

因国际金融危机的重大影响,2009 年河北第二产业大幅度萎缩。2010—2011 年,在"4 万亿"投资刺激下第二产业快速从收缩中反弹,由于经济刺激计划的作用,河北第二产业再次扩张;自 2012 年开始,伴随产业结构的调整和经济形势的变化,由于产能过剩等因素的作用,工业企业效益大幅下滑,第二产业再次进入收缩期,而第三产业处于扩张态势,但河北第三产业发展程度要弱于北京和天津,传统制造业仍在国民经济中占据主导地位,产业升级进度并不明显。总体来看,北京三次产业结构变动系数与京津冀整体具有相似特征,形成了较为明显的产业结构调整和升级现象。

2.2.3　产业结构相似系数

京津冀地区产业结构相似系数主要用于衡量京津冀各个地区之间不同产业的相似程度。产业相关系数越大,地区之间产业结构趋同性越大,地区之间产业分工水平就越低,互补性越弱;反之产业相关系数越小,地区之间产业结构趋同性越小,地区之间产业分工水平就越高,互补性越强。产业结构系数的测算,可用公式表示为

$$r_{ii'}(t) = \frac{\sum_{j=1}^{3} G_{ij}(t) \cdot G_{i'j}(t)}{\sqrt{\sum_{j=1}^{3} G_{ij}(t)^2 \cdot \sum_{j=1}^{3} G_{i'j}(t)^2}} \quad (2.4)$$

式(2.4)中,$r_{ii'}(t)$为第 t 时期京津冀第 i 个地区与第 i' 个地区之间的产业结构相似系数;$G_{ij}(t)$、$G_{i'j}(t)$分别为第 t 时期京津冀第 i 个地区、第 i' 个地区的第 j 产业比重。

根据式(2.4),1990—2019 年,京津冀各个地区之间的产业结构相似系数见图 2.12。

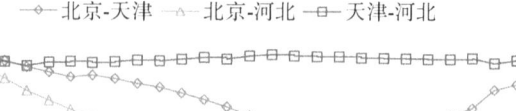

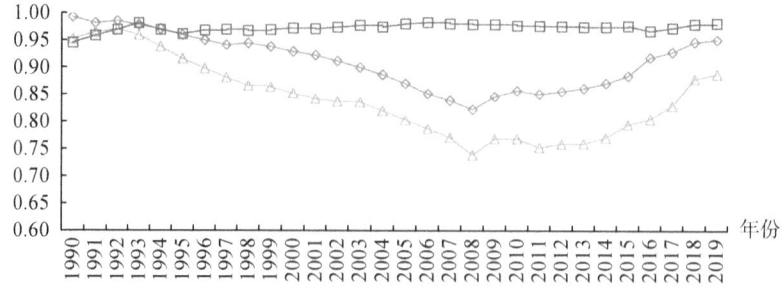

图 2.12　1990—2019 年京津冀地区产业结构相似系数

根据图 2.12 可知,1990—2008 年,北京-天津、北京-河北的产业结构相似系数持续下降。"八五"时期—"十一五"时期,北京-天津、北京-河北的产业结构相似系数均值分别从 0.97、0.95 降至 0.84、0.77。至 2008 年,北京-天津、北京-河北的产业结构相似系数降至最低,分别为 0.82、0.74。2009—2019 年,随着产业结构的调整与转型升级,北京-天津、北京-河北的产业结构相似系数波动式上升。"十三五"时期,北京-天津、北京-河北的产业结构相似系数均值达到 0.94、0.85。至 2019 年,北京-天津、北京-河北的产业结构相似系数升至 0.95、0.89。1990—2019 年,天津-河北的产业结构相似系数变化较为平稳,在 0.95～0.98 的区间变化。

2.3　京津冀水资源与产业结构的关联特征

2.3.1　产业用水估算

京津冀地区的主导产业经历了由第一产业→第二产业→第三产业的演变过程,京津冀水资源也将随着产业结构的调整在不同产业之间进行重新配置,实现水资源在不同经济产业发展需求之间的优化配置利用。根据《中国统计年鉴》,仅统计京津冀地区的农业、工业、生活、生态四大类用水量和用水总量,其中,生活用水量包括居民生活用水量、第三产业和建筑业用水量。针对京津冀地区历年的《水资源公报》,北京、河北并没有将第一产业、第二产业和第三产业的用水量单独列出。其中,第一产业只统计了农业用水数据,工业用水并没有包含第二产业中建筑业用水量数据,第三产业用水数据则包含在生活用水量数据中。由于仅 2003—2018 年的《天津市水资源公报》对三次产业用水情况进行了统计,因此只能通过天津三次产业用水量和居民生活用水量的数据,估算第一产业与农业用水量、第二产业与工业用水量、居民生活与生活用水量的折算系数,并依据等比例原则对北京、河北三次产业用水和居民生活用水量分别进行推导和估算。

2.3.1.1 产业用水量估算方法

以天津三次产业用水量和居民生活用水量数据为基础,计算京津冀地区产业用水量和生活用水量的折算系数,确定京津冀地区三次产业用水量和居民生活用水量,可用公式表示为

$$
\begin{cases}
FI_i(t) = FI_{12}(t) \cdot k_{1i} = FI_{12}(t) \cdot \dfrac{1}{T}\sum_{t=1}^{T} \dfrac{FI_{12}(t)}{A_{12}(t)} \cdot \dfrac{A_{1i}(t)}{A_{12}(t)} \\
SI_i(t) = SI_{22}(t) \cdot k_{2i} = SI_{22}(t) \cdot \dfrac{1}{T}\sum_{t=1}^{T} \dfrac{SI_{22}(t)}{I_{22}(t)} \cdot \dfrac{I_{2i}(t)}{I_{22}(t)} \\
PL_i(t) = L_i(t) \cdot k_i = L_i(t) \cdot \dfrac{1}{T}\sum_{t=1}^{T} \dfrac{PL_i(t)}{L_i(t)} \\
TI_i(t) = Total_i(t) - FI_i(t) - SI_i(t) - PL_i(t) - EI_i(t)
\end{cases}
\quad (2.5)
$$

式(2.5)中,$FI_i(t)$、$SI_i(t)$、$PL_i(t)$、$TI_i(t)$ 分别为第 t 个时期第 i 个地区第一产业用水量、第二产业用水量、生活用水量、第三产业用水量的估算值;k_{1i}、k_{2i}、k_i($i=1,2,3$ 分别为北京、天津、河北)分别为第 i 个地区第一产业用水量、第二产业用水量、生活用水量的折算系数;$\dfrac{FI_{12}(t)}{A_{12}(t)}$ 为第 t 个时期天津第一产业用水量与天津农业用水量的比值;$\dfrac{A_{1i}(t)}{A_{12}(t)}$ 为第 t 个时期第 i 个地区农业用水量与天津农业用水量的比值;$\dfrac{SI_{22}(t)}{I_{22}(t)}$ 为第 t 个时期天津第二产业用水量与天津工业用水量的比值;$\dfrac{I_{2i}}{I_{22t}}$ 为第 t 个时期第 i 个地区工业用水量与天津工业用水量的比值;$\dfrac{PL_i(t)}{L_i(t)}$ 为第 t 个时期第 i 个地区居民生活用水量与生活用水量的比值;$Total_i(t)$ 为第 t 个时期第 i 个地区用水总量;$EI_i(t)$ 为第 t 个时期第 i 个地区生态用水量。

2.3.1.2 产业用水量估算

根据式(2.5),估算不同规划期京津冀各个地区的三次产业用水量。见

图 2.13～图 2.16。

1990—2019 年京津冀整体产业用水量变化见图 2.13。

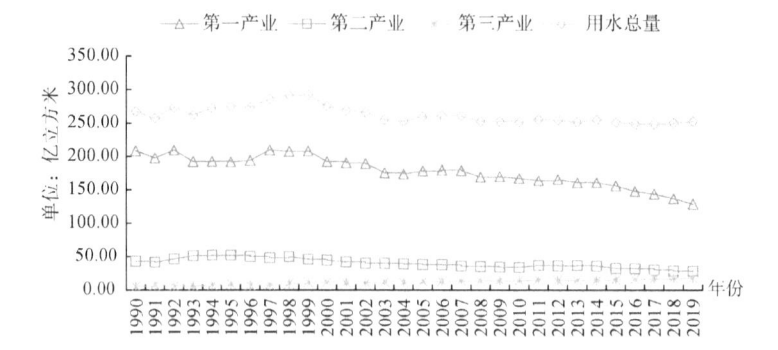

图 2.13　1990—2019 年京津冀整体产业用水量变化

1990—2019 年北京产业用水量变化见图 2.14。

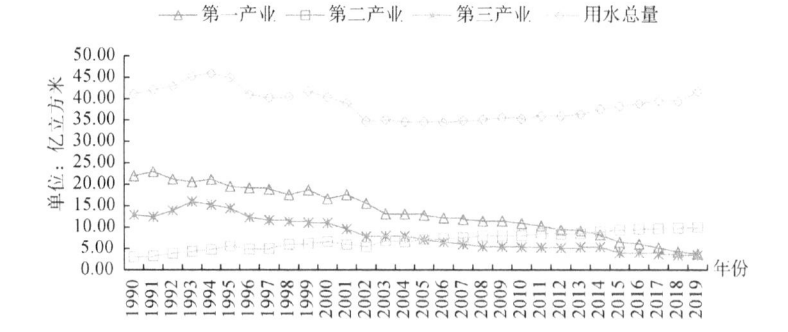

图 2.14　1990—2019 年北京产业用水量变化

1990—2019 年天津产业用水量变化见图 2.15。

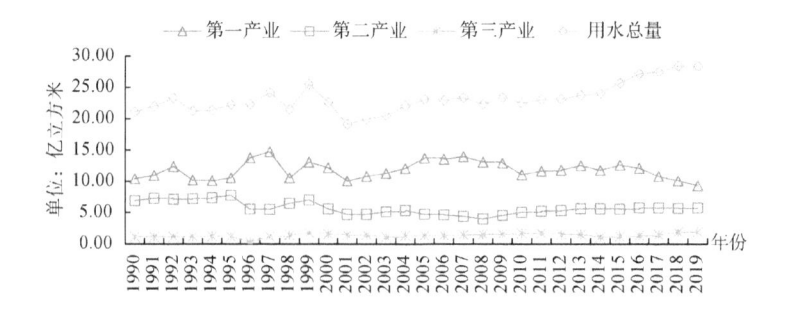

图 2.15　1990—2019 年天津产业用水量变化

注：2003—2017 年天津三次产业用水量数据来源于《天津市水资源公报》。

1990—2019年河北产业用水量变化见图2.16。

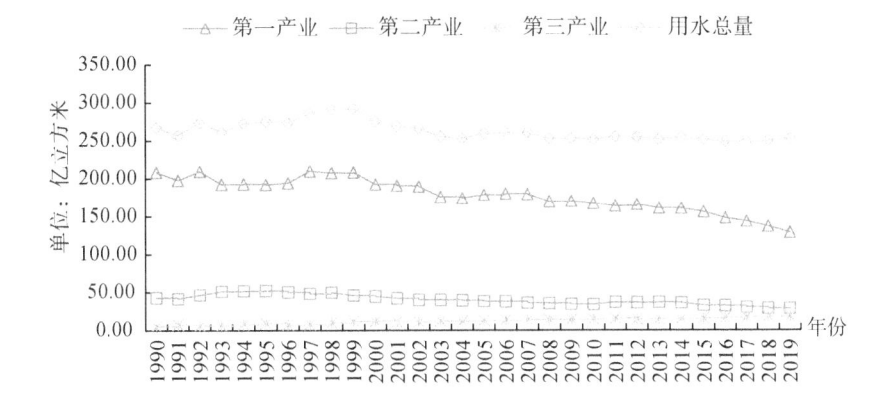

图2.16　1990—2019年河北产业用水量变化

不同规划期京津冀各个地区的三次产业用水量估算见表2.11。

表2.11　不同规划期京津冀地区三次产业用水量估算　　单位:亿立方米

规划期	地区	第一产业	第二产业	第三产业
"八五"	北京	21.08	14.41	4.36
	天津	10.86	7.34	1.17
	河北	165.00	26.87	1.93
	京津冀	196.95	48.62	7.46
"九五"	北京	18.18	11.47	5.76
	天津	12.89	6.02	1.24
	河北	171.39	30.26	2.95
	京津冀	202.47	47.75	9.94
"十五"	北京	14.44	8.13	6.40
	天津	11.64	4.85	1.23
	河北	155.52	26.81	4.06
	京津冀	181.59	39.79	11.69
"十一五"	北京	11.59	5.74	7.84
	天津	13.03	4.52	1.30
	河北	148.55	25.21	4.43
	京津冀	173.17	35.47	13.57

续 表

规划期	地区	第一产业	第二产业	第三产业
"十二五"	北京	8.73	5.01	8.79
	天津	12.02	5.52	1.17
	河北	140.57	25.21	4.72
	京津冀	161.32	35.73	14.68
"十三五"	北京	4.80	3.64	9.80
	天津	10.59	5.74	1.63
	河北	123.65	20.49	5.90
	京津冀	139.04	29.87	17.34

2.3.2 水资源与产业结构的关联度测算

2.3.2.1 水资源与产业结构关联度测算方法

根据不同时期京津冀地区水资源利用和产业结构的演变态势，运用灰色关联评价法，测算京津冀水资源与产业结构之间的关联度。将不同时期京津冀地区水资源利用情况作为母变量，将不同时期京津冀地区产业结构作为子变量，对京津冀地区的水资源利用变量和产业结构变量进行无量纲化处理，确定京津冀地区水资源利用和产业结构之间的关联度，可用公式表示为

$$\begin{cases} C_{ki} = \dfrac{1}{T}\sum_{t=1}^{T} N_{ki}(t) \\ N_{ki}(t) = \dfrac{\left[\min\limits_{k}\min\limits_{t}|Y'_i(t)-X'_{ki}(t)| + \rho \max\limits_{k}\max\limits_{t}|Y'_i(t)-X'_{ki}(t)|\right]}{|Y'_i(t)-X'_{ki}(t)| + \rho \max\limits_{k}\max\limits_{t}|Y'_i(t)-X'_{ki}(t)|} \\ Y'_i(t) = \dfrac{Y_i(t)}{Y_i(t_0)} \\ X'_{ki}(t) = \dfrac{X_{ki}(t)}{X_{ki}(t_0)} \\ Y_i(t) = \{Y_i(1), Y_i(2), \cdots, Y_i(n)\} \\ X_{ki}(t) = \{X_{ki}(1), X_{ki}(2), \cdots, X_{ki}(n)\} \end{cases} \quad (2.6)$$

式(2.6)中，C_{ki} 为第 i 个地区（$i=1,2,3,4$ 分别代表北京、天津、河北和京津冀整体）的第 k 产业（$k=1,2,3$ 分别代表第一产业、第二产业和第三产业）和水资源利用之间的关联度。$N_{ki}(t)$ 为第 t 个时期第 i 个地区的水资源利用和第 i 个地区第 k 产业的灰色关联系数；$Y'_i(t)$、$X'_{ki}(t)$ 分别为 $Y_i(t)$、$X_{ki}(t)$

的无量纲值；$Y_i(t)$、$Y_i(t_0)$ 分别为第 t 个时期、基期 t_0 时期第 i 个地区的水资源利用量；$X_{ki}(t)$、$X_{ki}(t_0)$ 分别为第 t 个时期、基期 t_0 时期第 i 个地区第 k 产业的经济增加值；ρ 称为分辨系数，一般取值区间为 $[0,1]$，ρ 越小，分辨力越大，通常取 $\rho=0.5$；$\min_k \min_t |Y'_i(t)-X'_{ki}(t)|$ 表示两级最小差，其中 $\min_t |Y'_i(t)-X'_{ki}(t)|$ 为第一级最小差，$\min_k(\min_t |Y'_i(t)-X'_{ki}(t)|)$ 为第二级最小差；$\max_k \max_t |Y'_i(t)-X'_{ki}(t)|$ 表示两级最大差，其中 $\max_t |Y'_i(t)-X'_{ki}(t)|$ 为第一级最大差，$\max_k(\max_t |Y'_i(t)-X'_{ki}(t)|)$ 为第二级最大差。

2.3.2.2 水资源与产业结构关联度

根据式(2.6)，测算不同规划期京津冀各个地区的水资源利用与产业结构的关联度，见表 2.12。

表 2.12 不同规划期京津冀地区水资源利用与产业结构的关联度

规划期	地区	第一产业与水资源关联度	第二产业与水资源关联度	第三产业与水资源关联度
"八五"	北京	0.997	0.991	0.982
	天津	0.992	0.985	0.980
	河北	0.978	0.960	0.963
	京津冀	0.987	0.979	0.974
"九五"	北京	0.989	0.969	0.914
	天津	0.972	0.948	0.916
	河北	0.924	0.870	0.881
	京津冀	0.956	0.931	0.901
"十五"	北京	0.985	0.933	0.803
	天津	0.955	0.884	0.830
	河北	0.877	0.771	0.783
	京津冀	0.929	0.864	0.795
"十一五"	北京	0.977	0.881	0.632
	天津	0.939	0.740	0.660
	河北	0.785	0.585	0.614
	京津冀	0.873	0.731	0.621

续 表

规划期	地区	第一产业与水资源关联度	第二产业与水资源关联度	第三产业与水资源关联度
"十二五"	北京	0.966	0.822	0.478
	天津	0.902	0.581	0.443
	河北	0.680	0.443	0.448
	京津冀	0.801	0.600	0.450
"十三五"	北京	0.975	0.783	0.358
	天津	0.904	0.616	0.363
	河北	0.672	0.441	0.344
	京津冀	0.797	0.596	0.343
1990—2019	北京	0.982	0.904	0.716
	天津	0.947	0.805	0.720
	河北	0.830	0.697	0.694
	京津冀	0.897	0.797	0.703

注：指标数据系作者参考《中国统计年鉴1990—2019》计算得到。

根据表2.12可知，1990—2019年，京津冀整体第一产业与水资源利用的关联度最高，第二产业次之，第三产业最低。京津冀整体第一产业、第二产业、第三产业与水资源利用的关联度均值分别为0.897、0.797、0.703。"八五"时期—"十三五"时期，京津冀整体三次产业与水资源利用的关联度呈现逐渐递减趋势。京津冀整体第一产业、第二产业、第三产业与水资源利用的关联度均值分别从0.987、0.979、0.974降至0.797、0.596、0.343。

1990—2019年，北京、天津第一产业与水资源利用的关联度最高，第二产业次之，第三产业最低。北京第一产业、第二产业、第三产业与水资源利用的关联度均值分别为0.982、0.904、0.716。天津第一产业、第二产业、第三产业与水资源利用的关联度均值分别为0.947、0.805、0.720。"八五"时期—"十三五"时期，北京、天津三次产业与水资源利用的关联度变化趋势与京津冀整体趋同，均呈现逐渐递减趋势。北京第一产业、第二产业、第三产业与水资源利用的关联度均值分别从0.997、0.991、0.982降至0.975、0.783、0.358。天津第一产业、第二产业、第三产业与水资源利用的关联度均值分别从0.992、0.985、0.980降至0.904、0.616、0.363。北京三次产业与水资源利用的关联度高于天津。北京、天津第一产业对水资源利用存在强依赖性。北京、天津三次产业对水资源利用的依赖性逐渐减弱。

1990—2019年，河北第一产业与水资源利用的关联度最高，第二产业次之,第三产业最低。河北第一产业、第二产业、第三产业与水资源利用的关联度均值分别为 0.830、0.697、0.694。"八五"时期—"十三五"时期,河北三次产业与水资源利用的关联度也呈现递减趋势。河北第一产业、第二产业、第三产业与水资源利用的关联度均值分别从 0.978、0.960、0.963 降至 0.672、0.441、0.344。河北三次产业与水资源利用的关联度低于北京和天津。河北第一产业与水资源利用的关联度明显低于北京和天津,这与河北以小麦、玉米和薯类等耐旱作物为主的农业内部结构具有紧密关系。此外,与北京、天津不同的是,"八五"时期—"十二五"时期,河北第三产业与水资源利用的关联度均高于第二产业,仅"十三五"时期,河北第三产业与水资源利用的关联度低于第二产业。

综上,基于京津冀地区水资源利用与产业结构之间的关联度,可判定京津冀地区水资源优化的方向为:在保障粮食生产安全的前提下,适当减少第一产业和第二产业水资源利用,增加第三产业的水资源利用,实现京津冀水资源刚性约束下水资源综合产出效益水平的有效提升。其中,京津地区水资源优化的基本方向为:通过工农业节水技术等措施,优先控制第一产业用水量,严格控制第二产业用水量,合理增加第三产业用水。

在水资源优化过程中,北京第一产业水资源消耗利用需要予以控制。同时,由于河北第一产业与水资源关联度明显低于京津地区,河北第一产业可作为水资源的最大调出源。在保障粮食安全前提下,适当将河北第一产业水资源利用转移到其他地区和其他产业。

从京津冀地区工农业发展与水资源利用的关联度变化来看(见图 2.17),京津冀整体的工农业发展与水资源利用的关联度持续下降,其中,"八五"时期—"十三五"时期,京津冀整体的工业发展与水资源利用关联度下降幅度高

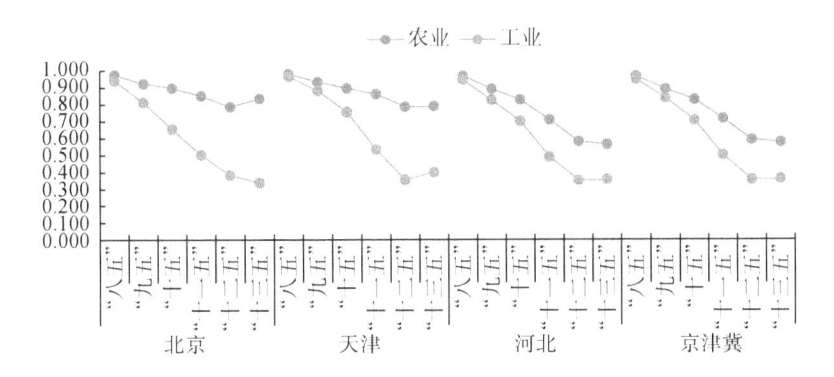

图 2.17 "八五"时期—"十三五"时期京津冀地区工农业发展与水资源利用的关联度变化

达62%，明显高于京津冀整体农业发展与水资源利用关联度的下降幅度（40%）。

2.3.3 产业用水弹性系数测算

京津冀地区三次产业用水弹性系数表示在一定时期内当三次产业的经济产值变化1%时所应引起的三次产业用水量变化的百分比。实质上，京津冀地区三次产业用水弹性系数体现了不同时期京津冀各个地区的三次产业用水量变动对三次产业经济产值变动的反映程度。

2.3.3.1 用水弹性系数测算方法

结合京津冀产业结构与水资源利用的演变规律，采用Tapio弹性系数法确定京津冀地区三次产业用水弹性系数，可用公式表示为

$$\begin{cases} T_i^{t_1} = \dfrac{\Delta W_i^{t_1}/W_i^{t_0}}{\Delta G_i^{t_1}/G_i^{t_0}} \\ T_{ij}^{t_1} = \dfrac{\Delta W_{ij}^{t_1}/W_{ij}^{t_0}}{\Delta G_{ij}^{t_1}/G_{ij}^{t_0}} \end{cases} \qquad (2.7)$$

式(2.7)中，$T_i^{t_1}$表示第t_1时期京津冀第i地区用水弹性系数（$i=1,2,3,4$分别代表北京、天津、河北和京津冀整体）；$\Delta W_i^{t_1}$表示第t_1时期相对于第t_0时期京津冀第i地区的用水总量增长变化；$W_i^{t_0}$表示第t_0时期京津冀第i地区的用水总量；$\Delta G_i^{t_1}$表示第t_1时期相对于第t_0时期，京津冀第i地区的经济产值变化；$G_i^{t_0}$表示第t_0时期京津冀第i地区的经济总产值；$T_{ij}^{t_1}$表示第t_1时期京津冀第i地区第j产业用水脱钩弹性系数（$j=1,2,3$分别代表第一产业、第二产业、第三产业）；$\Delta W_{ij}^{t_1}$表示第t_1时期相对于第t_0时期，京津冀第i地区第j产业的用水量增长变化；$W_{ij}^{t_0}$表示第t_0时期京津冀第i地区第j产业的用水量；$\Delta G_{ij}^{t_1}$表示第t_1时期相对于第t_0时期，京津冀第i地区第j产业的经济增加值变化；$G_{ij}^{t_0}$分别表示第t_0时期京津冀第i地区第j产业的经济增加值。

2.3.3.2 用水弹性系数测算

"八五"时期—"十三五"时期，京津冀各个地区的三次产业用水弹性系数见表2.13。

表 2.13 不同规划期京津冀地区三次产业用水弹性系数

规划期	地区	地区用水总弹性系数	第一产业用水弹性系数	第二产业用水弹性系数	第三产业用水弹性系数
"八五"	北京	0.045	−0.164	0.080	0.274
	天津	0.028	0.009	0.065	0.020
	河北	0.006	−0.046	0.120	0.508
	京津冀	0.014	−0.051	0.106	0.290
"九五"	北京	−0.091	−1.878	−0.394	0.120
	天津	0.020	0.720	−0.417	0.278
	河北	0.027	0.035	−0.067	0.593
	京津冀	0.001	0.009	−0.183	0.249
"十五"	北京	−0.121	−1.947	−0.368	0.056
	天津	0.015	0.246	−0.106	−0.126
	河北	−0.050	−0.102	−0.056	0.100
	京津冀	−0.052	−0.114	−0.128	0.046
"十一五"	北京	0.020	−0.361	−0.381	0.169
	天津	−0.019	−0.634	0.056	0.216
	河北	−0.039	−0.052	−0.098	0.057
	京津冀	−0.028	−0.080	−0.108	0.097
"十二五"	北京	0.135	−3.209	−0.731	0.233
	天津	0.180	0.273	0.164	−0.288
	河北	−0.072	−0.172	−0.071	0.077
	京津冀	−0.002	−0.207	−0.101	0.100
"十三五"	北京	0.171	2.230	−0.510	0.105
	天津	−0.714	2.337	−0.106	15.733
	河北	−0.147	−6.758	2.996	0.526
	京津冀	0.024	−22.969	1.426	0.372

注：指标数据系作者参考《中国统计年鉴 1990—2019》计算得到，用水弹性系数为用水量增长变化与相应产业产值增长变化的比值。

根据表 2.13，①"八五"时期—"九五"时期，京津冀整体的用水总弹性系数从 0.014 迅速缩小到 0.001。"十五"时期—"十二五"时期，京津冀整体的用水总量得到有效控制，京津冀整体的用水总弹性系数为负值。其中，"八五"时期—"十二五"时期，京津冀整体的第一产业用水弹性系数、第二产业用水弹性系数总体为负值。至"十三五"时期，由于京津冀整体的第二产业增加值有所下降，京津冀整体的第二产业用水弹性系数转为正值。"八五"时期—

"十三五"时期,京津冀整体的第三产业用水量持续增长,京津冀整体的第三产业用水弹性系数始终为正值。

②"八五"时期—"十三五"时期,北京用水总量波动性变化,并略有下降。但北京用水总弹性系数总体为正值。其中,"八五"时期—"十二五"时期,北京第一产业用水弹性系数为负值,至"十三五"时期,虽然第一产业用水量持续下降,但第一产业增加值有所下降,致使第一产业用水弹性系数转为正值。"九五"时期—"十三五"时期,北京第二产业用水量得到有效控制,第二产业用水弹性系数始终为负值。"八五"时期—"十三五"时期,北京第三产业用水量持续增长,第三产业用水弹性系数始终为正值。

③"八五"时期—"十二五"时期,天津用水总量呈波动性增长,用水总弹性系数总体为正值。至"十三五"时期,用水总量仍保持增长,但经济总产值有所下降,致使用水总弹性系数为负值。其中,"八五"时期—"十二五"时期,天津第一产业用水弹性系数总体为正值,第二产业用水弹性系数体现为"正值—负值—正值"交替状态。同时,第三产业用水弹性系数表现为正、负值交替出现。至"十三五"时期,天津第一产业用水量有所下降,第二产业、第三产业用水量均有所增加,而第二产业增加值有所下降,致使第二产业用水弹性系数为负值,第一产业、第三产业用水弹性系数为正值。

④"八五"时期—"九五"时期,河北用水总弹性系数从0.006提高到0.027。"十五"时期—"十三五"时期,河北用水总量波动式下降,得到有效控制,河北用水总弹性系数为负值。其中,"八五"时期—"十二五"时期,河北第一产业、第二产业用水弹性系数为负值(仅"八五"时期第二产业、"九五"时期第一产业的用水弹性系数为正值)。至"十三五"时期,河北第一产业用水弹性系数仍为负值,同时,由于第一产业用水量进一步下降,而第二产业增加值有所下降,致使第二产业的用水弹性系数为正值。此外,"八五"时期—"十三五"时期,第三产业用水量持续增长,第三产业用水弹性系数为正值。

研究表明,自"九五"时期开始,随着京津冀地区地方政府加大节水减污政策力度,促使工业企业加快改进生产工艺,提升用水效率,京冀地区工业用水量得到控制。其中,北京工业结构最优,低耗水、低污染、高附加值的工业行业占据主体地位。相对于天津和河北,北京节水减污政策的制定标准高、监管措施严、落实力度大,有效激励了北京工业企业加速节水型技术进步,降低了北京工业用水强度。尽管河北工业结构相对落后,高耗水、高污染、低附加值的工业行业占比较大,但河北积极推广各类节水技术,提升工业用水强度。而天津工业用水仍维持低速增长,说明天津工业节水理念尚未得到严格落实,在节水减污政策制定实施过程中注重短期目标,不利于增强节水减污目标落实的长效性。面临经济下行压力,天津仍存在以提高水资源消耗利用量为代价、稳定经济增长的现象。但作为"非首都功能疏解"的主要载体以及我国主要工业城市和航运中心的功能定位,天津工业经济地位持续上升,对天津工业用水控制起到一定约束性。

2.3.4 产业用水的驱动效应

2.3.4.1 驱动效应分解模型

对京津冀地区的用水总量增长变化进行行业分解,可用公式表示为

$$\Delta W_i^{t_1} = \sum_{j=1}^{3} \Delta W_{ij}^{t_1} = \sum_{j=1}^{3} (W_{ij}^{t_1} - W_{ij}^{t_0})$$
$$= \sum_{j=1}^{3} \left(G_i^{t_1} \cdot \frac{G_{ij}^{t_1}}{G_i^{t_1}} \cdot WG_{ij}^{t_1} - G_i^{t_0} \cdot \frac{G_{ij}^{t_0}}{G_i^{t_0}} \cdot WG_{ij}^{t_0} \right) \quad (2.8)$$

式(2.8)中,$\Delta W_i^{t_1}$ 表示第 t_1 时期相对于第 t_0 时期,京津冀第 i 地区的用水总量增长变化;$\Delta W_{ij}^{t_1}$ 表示第 t_1 时期相对于第 t_0 时期,京津冀第 i 地区第 j 产业的用水量增长变化;$W_{ij}^{t_1}$、$W_{ij}^{t_0}$ 分别表示第 t_1 时期、第 t_0 时期京津冀第 i 地区第 j 产业的用水量;$G_i^{t_1}$、$G_i^{t_0}$ 分别表示第 t_1 时期、第 t_0 时期京津冀第 i 地区的经济总产值;$G_{ij}^{t_1}$、$G_{ij}^{t_0}$ 分别表示第 t_1 时期、第 t_0 时期京津冀第 i 地区第 j 产业的经济增加值;$\frac{G_{ij}^{t_1}}{G_i^{t_1}}$、$\frac{G_{ij}^{t_0}}{G_i^{t_0}}$ 分别表示第 t_1 时期、第 t_0 时期京津冀第 i 地区第 j 产业的经济增加值占经济总产值的比重(即产业结构占比);$WG_{ij}^{t_1}$、$WG_{ij}^{t_0}$ 分别表示 t_1 时期、第 t_0 时期京津冀第 i 地区第 j 产业的万元增加值用水量(即用水强度)。

根据式(2.8)可知,京津冀地区不同产业的用水量变化主要受到产业经济增加值、产业结构与用水强度的变化影响。即京津冀地区不同产业用水的驱动效应可分解为结构调整效应、技术进步效应。为此,确定京津冀第 i 地区第 j 产业用水的结构调整、技术进步效应,可用公式表示为

$$\Delta W_{ij}^{t_1} = \Delta W_{ijs}^{t_1} + \Delta W_{ije}^{t_1}$$

$$\begin{cases} \Delta W_{ijs}^{t_1} = WG_{ij}^{t_0} \left(G_i^{t_1} \cdot \frac{G_{ij}^{t_1}}{G_i^{t_1}} - G_i^{t_0} \cdot \frac{G_{ij}^{t_0}}{G_i^{t_0}} \right) + \frac{1}{2} (WG_{ij}^{t_1} - WG_{ij}^{t_0}) \left(G_i^{t_1} \cdot \frac{G_{ij}^{t_1}}{G_i^{t_1}} - G_i^{t_0} \cdot \frac{G_{ij}^{t_0}}{G_i^{t_0}} \right) \\ \Delta W_{ije}^{t_1} = G_i^{t_0} \cdot \frac{G_{ij}^{t_0}}{G_i^{t_0}} (WG_{ij}^{t_1} - WG_{ij}^{t_0}) + \frac{1}{2} (WG_{ij}^{t_1} - WG_{ij}^{t_0}) \left(G_i^{t_1} \cdot \frac{G_{ij}^{t_1}}{G_i^{t_1}} - G_i^{t_0} \cdot \frac{G_{ij}^{t_0}}{G_i^{t_0}} \right) \end{cases}$$

(2.9)

式(2.9)中，$\Delta W_{ijs}^{t_1}$ 表示第 t_1 时期相对于第 t_0 时期，京津冀第 i 地区第 j 产业用水量变化的结构调整效应，即产业结构调整导致的用水量变化；$\Delta W_{ije}^{t_0}$ 表示第 t_1 时期相对于第 t_0 时期，京津冀第 i 地区第 j 产业用水量变化的技术进步效应，即产业技术进步引起用水强度变化导致的用水量变化。

2.3.4.2 驱动效应分解

1. 产业用水的驱动效应分解

根据式(2.8)~式(2.9)，不同规划期京津冀各个地区三次产业用水的驱动效应分解见表2.14。

表2.14 不同规划期京津冀地区三次产业用水量变化的驱动效应分解

规划期	地区	第一产业 结构调整效应	第一产业 技术进步效应	第二产业 结构调整效应	第二产业 技术进步效应	第三产业 结构调整效应	第三产业 技术进步效应
"八五"	北京	11.35	−13.79	13.72	−12.21	6.76	−4.21
	天津	9.33	−9.21	8.93	−8.09	1.81	−1.75
	河北	207.52	−221.91	38.37	−31.68	2.21	−0.86
	京津冀	221.07	−237.77	60.01	−50.97	10.16	−6.21
"九五"	北京	1.37	−4.24	6.39	−9.81	6.52	−5.45
	天津	2.19	−0.57	3.69	−5.84	1.12	−0.73
	河北	43.89	−42.14	20.05	−21.84	2.10	−0.72
	京津冀	47.37	−46.88	29.82	−37.18	9.04	−6.21
"十五"	北京	1.67	−5.53	7.04	−10.93	6.63	−6.12
	天津	5.58	−4.00	5.52	−6.39	1.28	−1.51
	河北	88.23	−99.87	22.20	−23.92	2.95	−2.57
	京津冀	96.07	−110.00	35.51	−41.99	10.67	−10.01
"十一五"	北京	4.15	−6.00	3.46	−5.28	6.43	−5.54
	天津	3.31	−5.89	4.40	−4.07	1.56	−1.21
	河北	96.00	−102.51	19.53	−22.19	3.67	−3.39
	京津冀	105.01	−115.97	27.71	−31.86	11.85	−10.33
"十二五"	北京	1.06	−5.54	1.41	−2.73	4.93	−3.56
	天津	4.33	−3.00	2.53	−2.04	1.18	−1.69
	河北	42.27	−50.83	7.00	−7.57	2.55	−2.31
	京津冀	47.88	−59.59	11.61	−13.01	8.92	−7.82

续 表

规划期	地区	第一产业 结构调整效应	第一产业 技术进步效应	第二产业 结构调整效应	第二产业 技术进步效应	第三产业 结构调整效应	第三产业 技术进步效应
"十三五"	北京	−1.05	−1.68	0.87	−1.39	4.79	−4.18
	天津	−1.30	−1.93	−2.57	2.78	0.06	0.65
	河北	2.87	−24.09	−1.19	−2.60	2.24	−0.96
	京津冀	1.08	−28.26	−2.82	−1.29	6.29	−3.70

根据表 2.14，①北京第一产业、第二产业用水的结构调整效应总体下降。"九五"时期—"十二五"时期，第一产业、第二产业用水的技术进步效应绝对值明显超过结构调整效应。至"十三五"时期，第一产业用水的结构调整效应显著，与其技术进步效应均实现负增长。第二产业用水的技术进步效应绝对值明显超过结构调整效应。第三产业用水的技术进步效应绝对值与结构调整效应的差距逐渐缩小。但第三产业用水的技术进步效应绝对值仍低于结构调整效应。

②"八五"时期—"十二五"时期，天津第一产业、第二产业用水的结构调整效应波动式下降。但第一产业、第二产业用水的结构调整效应总体大于技术进步效应绝对值。同时，第三产业用水的结构调整效应逐渐下降，且结构调整效应与技术进步效应绝对值之间的差距表现为扩大态势。至"十三五"时期，第一产业、第二产业用水的结构调整效应显著，均实现负增长。同时，第二产业、第三产业用水的技术进步效应不显著，均未实现负增长。

③"八五"时期—"十二五"时期，河北第一产业、第二产业用水的结构调整效应波动式下降，第一产业、第二产业用水的技术进步效应绝对值明显超过结构调整效应。至"十三五"时期，第一产业用水的技术进步效应绝对值仍超过结构调整效应。同时，第二产业用水的结构调整效应显著，实现负增长。但"八五"时期—"十三五"时期，第三产业用水的技术进步效应绝对值始终低于结构调整效应。

2. 行业用水的驱动效应分解

根据式(2.8)～式(2.9)，不同规划期京津冀各个地区行业用水的驱动效应分解见表 2.15。

表 2.15　不同规划期京津冀地区行业用水量变化的驱动效应分解

规划期	地区	农业 结构调整效应	农业 技术进步效应	工业 结构调整效应	工业 技术进步效应
"八五"	北京	11.23	−13.64	12.71	−11.27
	天津	9.23	−9.11	8.40	−7.60
	河北	205.37	−219.61	35.41	−28.87
	京津冀	218.78	−235.31	55.96	−47.18
"九五"	北京	1.35	−4.19	6.10	−9.36
	天津	2.17	−0.57	3.59	−5.64
	河北	43.43	−41.70	19.82	−21.57
	京津冀	46.88	−46.39	29.24	−36.30
"十五"	北京	1.65	−5.47	7.10	−10.82
	天津	5.51	−4.00	5.33	−6.16
	河北	87.31	−98.83	22.36	−24.04
	京津冀	95.07	−108.90	35.60	−41.83
"十一五"	北京	4.10	−5.94	3.07	−4.81
	天津	3.26	−5.88	4.17	−3.85
	河北	95.00	−101.45	19.08	−21.68
	京津冀	103.88	−114.79	26.70	−30.72
"十二五"	北京	1.20	−5.63	1.35	−2.61
	天津	4.37	−2.84	2.38	−1.91
	河北	47.70	−56.17	6.44	−7.00
	京津冀	53.67	−65.04	10.96	−12.31
"十三五"	北京	−1.01	−1.69	0.48	−0.98
	天津	−1.68	−1.62	−2.59	2.79
	河北	6.21	−27.21	−1.92	−1.78
	京津冀	4.42	−31.42	−4.33	0.33

根据表 2.15，①北京工农业用水的结构调整效应总体下降。"九五"时期—"十二五"时期，工农业用水的技术进步效应绝对值明显超过结构调整效应。至"十三五"时期，农业用水的结构调整效应显著，与其技术进步效应均实现负增长。工业用水的技术进步效应绝对值明显超过结构调整效应。

②"八五"时期—"十二五"时期，天津工农业用水的结构调整效应呈波动式下降。但工农业用水的结构调整效应总体大于技术进步效应绝对值。至"十三五"时期，工农业用水的结构调整效应显著，均实现负增长。同时，工业

用水的技术进步效应不显著,未实现负增长。

③"八五"时期—"十二五"时期,河北工农业用水的结构调整效应波动式下降,工农业用水的技术进步效应绝对值明显超过结构调整效应。至"十三五"时期,工农业用水的结构调整效应显著,实现负增长。

综上,京津冀地区人口规模压力不断增大,是水资源严重匮乏的城市群。依据经济学木桶理论,京津冀经济发展进程中,水资源要素无疑是经济发展要素的关键短板。2014年底南水北调工程通水后,极大缓解了京津冀水资源紧缺形势,有力提升了京津冀供水安全保障。京津冀构建了更为安全的首都供水体系,形成了"地表水、地下水、外调水"联合调度、环向输水、放射供水、高效用水的安全保障格局。但京津冀人多水少,水资源紧缺,南水北调并不能从根本上解决水资源稀缺问题。要解决这一矛值,关键在于实现京津冀地区水资源与产业结构的双向优化,提高水资源与产业结构的适配性。

第三章
京津冀水资源与产业结构双向优化适配方案设计

本章提出了京津冀水资源与产业结构双向优化适配的理念、层次和目标,明确了京津冀水资源与产业结构双向优化适配方案的优化思路,确定了京津冀地区层适配方案设计的关键影响因素,构建了多目标耦合投影寻踪模型,初步确定京津冀地区层适配方案;确定了京津冀产业层适配方案设计的目标函数与约束条件,构建了主从递阶协同优化模型,初步确定京津冀产业层适配方案。

3.1 京津冀水资源与产业结构双向优化适配的内涵

京津冀水资源与产业结构双向优化是指,贯彻落实"以水定需、以水定产"绿色发展理念,在严格控制京津冀水资源可利用总量的刚性约束条件下,充分考虑京津冀水资源管理配置与经济社会发展之间的相互促进、相互制约关系,根据京津冀国民经济与社会发展规划,以优先保障京津冀整体的居民生活与粮食生产安全的用水需求、维持京津冀河流生态健康为前提保障,通过将水资源在京津冀各个地区及其经济产业之间进行优化配置,优化各个地区产业布局与用水结构,促进地区产业之间的有效合理分工与协作,保障京津冀整体的经济社会生态综合效益最大化,加快推进京津冀协同发展进程。

3.1.1 适配理念

从京津冀水资源利用与产业结构的演变规律及其关联特征来看,京津冀地方政府与水管理部门亟需深入贯彻"创新、协调、绿色、开放、共享"五大发展理念，落实新时期"节水优先、空间均衡、系统治理、两手发力"的水利工作方针，强化最严格水资源管理制度约束，实施水资源消耗总量和强度双控行动，积极探索经济社会高质量转型发展的用水模式，形成有利于水资源集约利用的空间格局、产业结构和生产方式。通过京津冀水资源与产业结构的双向优化适配，着力提高水资源要素与其他经济要素的适配性，提高水资源与经济社会生态的协调性，加快推进京津冀协同发展。

从创新发展看，随着京津冀地区经济社会发展，水资源环境瓶颈制约日益突出。必须全面推进水资源配置理念与思路创新、水资源配置方法与管理体制机制创新，加快消除粗放型用水方式，形成集约型用水模式。深入贯彻创新发展理念，通过加快实施水利创新驱动发展战略，从以政府行政推动为主转变为坚持政府与市场两手发力，从局部治理向系统治理转变，实现水资源优化配置与产业结构布局优化，统筹解决京津冀水资源环境问题。

从协调发展看，京津冀各个地区水资源环境条件与承载能力、经济社会发展阶段与水平均不同，各个地区之间发展不平衡、不协调问题较为凸显。必须深入贯彻"区域协调发展"理念，通过加快实施京津冀协同发展战略，在加快转变经济发展方式和社会发展方式的双轮驱动作用下，实现京津冀水资源与产业结构的双向优化适配，着力提高京津冀各个地区水资源配置与经济社会发展目标的适应性、各个地区产业水资源配置与产业结构的匹配性、各个地区水资源利用与经济社会生态的协调性以及各个地区之间的协同性。

从绿色发展看，京津冀水资源禀赋条件先天不足，水生态环境容量有限，一定程度上制约了京津冀经济社会快速发展。必须深入贯彻"以水定需、以水定产"绿色发展理念，通过加快实施京津冀水利绿色发展战略，强化最严格水资源管理制度的三条红线刚性约束，实行水资源消耗总量与强度双控行动，坚持节约优先、保护优先，以最严格水资源管理制度约束加快转变用水方式，倒逼产业结构调整和区域经济布局优化，严控用水总量、提高用水效率、限定水污染排放总量，着力提升京津冀自然水生态系统的稳定性和水生态服务功能，推动水利绿色经济发展。

从开放发展看，京津冀水安全问题已成为京津冀各个地区共同面临的重大挑战，联合国2030年可持续发展议程单独设立了水与环境卫生目标，以积极响应国际社会所关注的水安全问题。京津冀各个地区之间如何通过水资源统一配置与合作管理，以应对水安全挑战；如何通过产业结构优化布局，以加速推进京津冀协同发展,正面临较大的紧迫性。必须深入贯彻开放发展理念,通过加快实施互利共赢开放战略,深化京津冀各个地区之间水资源管理的务实合作与产业结构的转型升级,积极发挥京津冀各个地区在涉水事务中的建设性作用,维护好京津冀水资源权益和水安全。

从共享发展看,京津冀水资源与京津冀各个地区的人民生命健康、生活质量、生产发展息息相关,已成为京津冀地区最为重要的公共产品之一。京津冀地区水情复杂、地下水过度开采、水利建设历史欠账多,必须深入贯彻共享发展理念,通过加快实施水利共建共享战略,着力解决人民群众最关心、最直接、最现实的水资源问题,实现水资源优化配置与经济产业优化布局,让人民群众有更多的获得感,使水资源高效利用成为最普惠的民生福祉。

3.1.2 适配层次

从京津冀水资源与产业结构双向优化适配的内涵可知,京津冀水资源与产业结构双向优化适配涉及京津冀各个地区的人口、经济、社会、资源、生态环境等多方面关键影响要素,属于典型的多目标优化决策问题。

京津冀水资源与产业结构双向优化适配主要包括两个层次:

1. "地区层"水资源与产业结构双向优化适配

通过京津冀水资源在各个地区之间的优化配置,协调各个地区之间的经济社会发展用水需求,保障各个地区之间水资源配置的公平性与高效性,提升京津冀整体的产业结构高级化水平,优化京津冀整体的经济社会生态综合效益,提高京津冀水资源配置与经济社会发展目标的适应性、京津冀产业水资源配置与产业结构的匹配性、京津冀水资源利用与经济社会生态的协调性,推进京津冀协同发展。

2. "产业层"水资源与产业结构双向优化适配

通过京津冀水资源在不同产业或行业之间的优化配置,协调各个地区的不同经济产业或行业之间的用水需求,提升各个地区的产业结构高级化水平,优化各个地区的经济社会生态综合效益,提高各个地区水资源配置与经济社会发展目标的适应性、各个地区产业水资源配置与产业结构的匹配性、以及各个地区水资源利用与经济社会生态的协调性。

因此,京津冀水资源与产业结构双向优化适配迫切需要解决的核心问题,一是如何协调各个地区之间的经济社会发展用水需求,保障各个地区之间水资源配置的公平性与高效性,优化京津冀整体的经济社会生态综合效益;二是如何提高水资源配置与经济社会发展目标的适应性、产业水资源配置与产业结构的匹配性、水资源利用与经济社会生态的协调性以及京津冀地区之间的协同性。

3.1.3 适配目标

京津冀水资源与产业结构双向优化适配目标是指在京津冀水资源优化配置与产业结构高级化进程中,通过京津冀水资源与产业结构双向优化适配,期望达到的预期目标,即京津冀"地区层"适配目标和"产业层"适配目标构成的目标集。

3.1.3.1 地区层适配目标

京津冀水资源与产业结构双向优化的"地区层"适配目标是:依据京津冀国民经济和社会发展规划、京津冀水利协同发展专项规划,严格控制京津冀整体的水资源配置总量,通过京津冀整体的水资源优化配置与产业结构优化布局,统筹兼顾各个地区国民经济和社会发展的用水需求,充分体现各个地区之间水资源配置的公平性和高效性,优化京津冀整体的经济社会生态综合效益,提高京津冀整体的水资源配置与经济社会发展目标的适应性、地区产业水资源配置与产业结构的匹配性、水资源利用与经济社会生态的协调性,实现京津冀协同有序发展。

京津冀水资源与产业结构双向优化的"地区层"适配目标具体可分解为四个方面:

1. 经济高质量发展目标

京津冀水资源与产业结构双向优化适配过程,必须充分发挥水资源的经济属性作用。依据京津冀国民经济和社会发展规划、京津冀水利协同发展专项规划、京津冀协同发展生态环境保护规划,在严格控制京津冀整体的水资源配置总量的前提条件下,提高各个地区水资源配置的高效性,最大化京津冀水资源配置的综合经济效益。结合京津冀各个地区经济产业发展目标,优化各个地区的经济产业或行业结构,确定京津冀各个地区生活、生产和生态"三生"用水的优先序位,提高京津冀水资源配置与经济社会发展目标的适应性、京津冀产业水资源配置与产业结构高级化的匹配性,保障各个地区经济平稳健康增长与经济高质量发展。

2. 社会高质量发展目标

京津冀水资源与产业结构双向优化适配过程,必须充分发挥水资源的社会属性作用。依据京津冀国民经济和社会发展规划、京津冀水利协同发展专项规划、京津冀协同发展生态环境保护规划,在严格控制京津冀整体的水资源配置总量的前提条件下,提高京津冀各个地区之间水资源配置的公平性与合理性,协调京津冀各个地区之间的经济社会发展用水需求,最大化京津冀各个地区分水的协调程度,最小化京津冀各个地区的缺水率。结合京津冀人口增长需求以及京津冀粮食保障需求,优先保障京津冀各个地区的居民生活与粮食生产的基本用水需求,保障各个地区社会稳定和社会高质量发展。

3. 生态高质量发展目标

京津冀水资源与产业结构双向优化适配过程,必须充分发挥水资源的生态属性作用。依据京津冀国民经济和社会发展规划、京津冀水利协同发展专项规划、京津冀协同发展生态环境保护规划,在严格控制京津冀整体的水资源配置总量的前提条件下,保障京津冀经济社会发展的河流水资源环境承载阈值,提高京津冀河流水资源环境承载能力,实现京津冀水资源配置的生态环境良性循环,最小化京津冀水污染排放量,维持京津冀河流健康发展。将京津冀河流生态环境的用水需求放在京津冀整体角度予以优先满足。同时,提高京津冀各个地区的生态环境需水量,提高京津冀各个地区的生态绿化程度,保障京津冀各个地区的生态健康和生态高质量发展,以京津冀生态高质量发展支撑经济社会高质量发展。

4. 高质量协调发展目标

京津冀水资源与产业结构双向优化适配过程,依据京津冀国民经济和社会发展规划、京津冀水利协同发展专项规划、京津冀协同发展生态环境保护规划,在严格控制京津冀整体的水资源配置总量的前提条件下,提高京津冀水资源与经济社会生态之间的协调发展能力,提升京津冀协同发展能力。京津冀经济、社会与生态高质量发展目标之间相互影响、相互制约,以京津冀水资源优化配置支撑绿色经济发展,实现水资源与经济社会生态协调发展,加快推进京津冀各个地区之间的协同有序发展。

3.1.3.2 产业层适配目标

京津冀水资源与产业结构双向优化的"产业层"适配目标是:依据京津冀的国民经济和社会发展规划、水利发展规划,严格控制京津冀的水资源配置总量,通过京津冀的水资源优化配置,统筹兼顾京津冀的经济产业或行业发展用水需求,优化京津冀的经济产业布局,体现京津冀水资源配置的高效性,优化京津冀的经济社会生态综合效益,提高京津冀水资源配置与经济社会发展综合目标的适应性,提高京津冀地区产业水资源配置与产业结构高级化的匹配性,实现京津冀水资源配置与经济社会生态协调发展。

京津冀水资源与产业结构双向优化的"产业层"适配目标具体可分解为四个方面：

1. 基本民生保障目标

京津冀水资源与产业结构双向优化适配过程,人民均享有生存发展的基本用水权利。因此,京津冀的城镇和农村居民必须优先获得基本的生活用水需求,且京津冀粮食生产用水需求亟需予以优先满足。

2. 生态环境保护目标

京津冀水资源与产业结构双向优化适配过程,亟需防止经济产业发展用水挤占生态环境建设用水现象的发生,加强京津冀生态环境建设,改善京津冀生态绿化程度,以生态高质量发展支撑经济社会高质量发展。因此,京津冀的生态环境用水需求必须优先给予一定程度满足。

3. 经济产业发展目标

京津冀水资源与产业结构双向优化适配过程,亟需防止第二产业(工业)用水挤占第一产业(农业)用水现象的发生,高效配置京津冀的经济产业发展用水需求,提高京津冀综合经济效益。京津冀经济产业发展目标具体表现为：①保障粮食生产安全和社会稳定,提高第一产业(农业)用水效率,增加第一产业(农业)生产总值；②加快第二产业(工业)发展速度,提高第二产业(工业)用水效率,增加第二产业(工业)生产总值；③在保障第一产业(农业)、第二产业(工业)稳定增长与高质量发展的基础上,提高第三产业用水效率,提升第三产业发展质量,增加第三产业生产总值。

4. 产业结构高级化目标

京津冀水资源与产业结构双向优化适配过程,必须协调各个地区内不同经济产业或行业的发展目标,合理配置京津冀各个地区内不同经济产业或行业的用水需求。一方面,降低京津冀各个地区第一产业的用水比例,同时降低第一产业和第二产业的用水结构比、第二产业和第三产业的用水结构比,保障产业用水结构合理化。另一方面,降低京津冀各个地区第一产业产值比重,同时提高京津冀各个地区第三产业产值比重,同时降低第二产业与第三产业的产业结构比,提升京津冀各个地区产业结构高级化水平。

3.2 适配方案设计思路

本项研究综合考虑京津冀水资源演变特征、产业结构优化用水需求的变化特征,以京津冀为整体进行系统性思考,贯彻落实"以水定需、以水定产"绿色发展理念,强化最严格水资源管理制度约束,进行京津冀水资源与产业结构双向优化的适配方案设计,实现京津冀水资源在地区层和产业层的优化配置,推进产业结构优化升级。具体包括两个方面:

第一,地区层适配方案设计。明确地区层适配方案设计的关键影响因素,构造地区层适配方案设计原则及其对应的目标函数,建立集成目标函数的多目标耦合优化模型,进行地区层适配方案设计。并将多目标耦合优化模型和投影寻踪模型相耦合,构建多目标耦合投影寻踪模型,实现京津冀水资源在地区层的优化配置。

第二,产业层适配方案设计。以京津冀为整体进行系统性思考,优先满足京津冀各地区基本民生保障(居民生活和粮食生产安全)、河流生态环境保护的用水需求,将地区层的经济社会发展综合效益目标、产业层的经济产业发展目标进行耦合,以地区层的经济社会发展综合效益目标为主、产业层的经济产业发展目标为从,构建京津冀地区层和产业层交互的主从递阶协同优化模型,进行产业层适配方案设计。通过模拟地区层和产业层利益相关者的利益交互过程,充分体现地区层和产业层利益相关者的利益诉求,实现京津冀水资源在地区层与产业层的优化配置,推进产业结构优化升级。

京津冀水资源与产业结构双向优化的适配方案设计思路见图3.1。

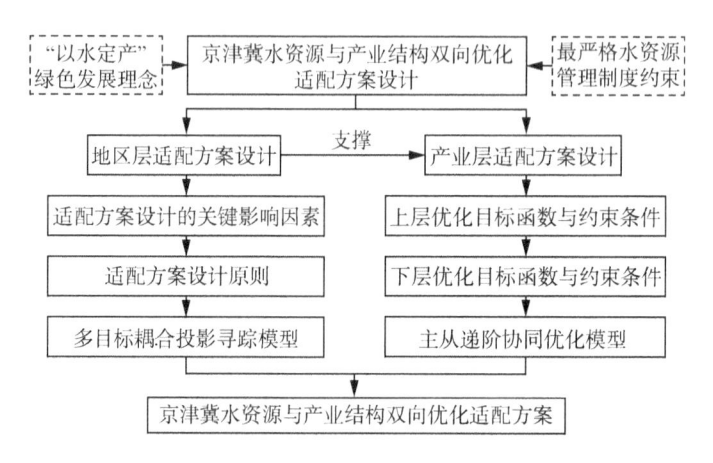

图3.1 京津冀水资源与产业结构双向优化的适配方案设计思路

3.3 地区层适配方案设计模型

3.3.1 地区层适配方案设计的关键影响因素

京津冀水资源与产业结构双向优化适配过程，针对地区层适配方案的设计，主要受到京津冀各个地区的用水现状、人口规模、灌溉面积、经济产值、用水效益、供水现状等方面因素的影响。

3.3.1.1 用水现状

京津冀各个地区的用水现状决定了各个地区经济社会发展的水资源配置与利用特征，决定了各个地区不同经济产业的水资源配置与利用特征。不同规划期京津冀各个地区的用水总量与三次产业用水量变化见表3.1。

表3.1 不同规划期京津冀地区用水总量与三次产业用水量变化

规划期	地区	用水总量 均值/立方米	用水总量 占京津冀整体比重/%	第一产业用水 均值/立方米	第一产业用水 比例/%	第二产业用水 均值/立方米	第二产业用水 比例/%	第三产业用水 均值/立方米	第三产业用水 比例/%
"八五"	北京	44.18	16.49	21.08	47.72	14.41	32.62	4.36	9.87
	天津	22.06	8.23	10.86	49.23	7.34	33.27	1.17	5.28
	河北	201.72	75.28	165.00	81.80	26.87	13.32	1.93	0.96
	京津冀	267.96	100.00	196.95	73.50	48.62	18.14	7.46	2.78
"九五"	北京	40.76	14.37	18.18	44.62	11.47	28.15	5.76	14.12
	天津	23.24	8.20	12.89	55.47	6.02	25.91	1.24	5.33
	河北	219.54	77.43	171.39	78.07	30.26	13.78	2.95	1.34
	京津冀	283.54	100.00	202.47	71.41	47.75	16.84	9.94	3.51
"十五"	北京	35.52	13.64	14.44	40.66	8.13	22.88	6.40	18.01
	天津	20.95	8.04	11.64	55.54	4.85	23.17	1.23	5.88
	河北	204.02	78.32	155.52	76.23	26.81	13.14	4.06	1.99
	京津冀	260.49	100.00	181.59	69.71	39.79	15.28	11.69	4.49
"十一五"	北京	34.98	13.68	11.19	31.99	5.74	16.41	7.84	22.41
	天津	22.90	8.96	13.03	56.90	4.52	19.73	1.30	5.68
	河北	197.78	77.36	148.55	75.11	25.21	12.75	4.43	2.24
	京津冀	255.67	100.00	173.17	67.73	35.47	13.87	13.57	5.31

续表

规划期	地区	用水总量 均值/立方米	用水总量 占京津冀整体比重/%	第一产业用水 均值/立方米	第一产业用水 比例/%	第二产业用水 均值/立方米	第二产业用水 比例/%	第三产业用水 均值/立方米	第三产业用水 比例/%
"十二五"	北京	36.78	14.52	8.73	23.72	5.01	13.61	8.79	23.90
	天津	23.95	9.46	12.02	50.19	5.52	23.03	1.17	4.88
	河北	192.52	76.02	140.57	73.01	25.21	13.09	4.72	2.45
	京津冀	253.26	100.00	161.32	63.70	35.73	14.11	14.68	5.80
"十三五"	北京	39.83	15.93	4.80	12.05	3.64	9.13	9.80	24.61
	天津	27.88	11.15	10.54	37.82	5.78	20.73	1.66	5.96
	河北	182.23	72.91	123.65	67.85	20.49	11.24	5.90	3.24
	京津冀	249.94	100.00	139.00	55.61	29.91	11.97	17.37	6.95

1. 京津冀用水现状与用水比重

根据表3.1可知,京津冀整体的用水总量呈现"先增长、后减少"且总体减少的变化态势。"八五"时期—"九五"时期,京津冀整体的用水总量均值从267.96亿立方米增至283.54亿立方米,增长幅度为6%。自"十五"时期开始,京津冀整体的用水总量均值持续下降,至"十三五"时期,京津冀整体的用水总量均值降至249.94亿立方米,相对于"九五"时期下降幅度达到12%。其中,"八五"时期—"十三五"时期,北京、天津、河北用水总量占京津冀整体用水总量比重的总体均值分别为14.77%、9.01%、76.22%。

2. 京津冀第一产业用水现状

根据表3.1可知,"八五"时期—"十三五"时期,京津冀地区第一产业用水量持续减少。其中,北京第一产业用水量均值从21.08亿立方米降至4.80亿立方米,下降幅度为77%。北京第一产业用水占比从47.72%快速降至12.05%,下降超过35个百分点。天津第一产业用水量均值稳定在11亿立方米左右。天津第一产业用水占比从49.23%降至37.82%,下降超过11个百分点。河北第一产业用水量均值从165.00亿立方米降至123.65亿立方米。河北第一产业用水占比从81.80%降至67.85%,下降超过13个百分点。

3. 京津冀第二产业用水现状

根据表3.1可知,"八五"时期—"十三五"时期,京津冀地区第二产业用水量持续减少。其中,北京第二产业用水量均值从14.41亿立方米降至3.64亿立方米,下降幅度为75%。北京第二产业用水占比从32.62%快速降至9.13%,下降超过23个百分点。天津第二产业用水量均值从7.34亿立方米降至5.78亿立方米,下降幅度为21%。天津第二产业用水占比从33.27%降至20.73%，下降超过12个百分点。河北第二产业用水量均值从26.87亿立方米降至20.49亿立方米。河北第二产业用水占比从13.32%降至11.24%，下降超过2个百分点。

4. 京津冀第三产业用水现状

根据表3.1可知，"八五"时期—"十三五"时期，京津冀地区第三产业用水量持续增长。其中，北京第三产业用水量均值从4.36亿立方米增至9.80亿立方米，增长了1.25倍。北京第三产业用水占比从9.87%快速升至24.61%，提高了近15个百分点。天津第三产业用水量均值从1.17亿立方米增至1.66亿立方米，增长幅度为42%。天津第三产业用水占比从5.28%升至5.96%，提高了0.68个百分点。河北第三产业用水量均值从1.93亿立方米增至5.90亿立方米，增长超过1倍。河北第三产业用水占比从0.96%升至3.24%，提高了2.28个百分点。

3.3.1.2 人口规模

京津冀各个地区的人口规模决定了各个地区水资源配置与利用的城镇化程度、生活用水特征与综合用水特征。不同规划期京津冀各个地区的人口规模与用水变化见表3.2。

表3.2 不同规划期京津冀地区人口规模与用水变化

规划期	地区	人口/万人 城镇人口	人口/万人 农村人口	人口/万人 总计	城镇化率/%	人均综合用水量（立方米/人）	人均居民生活用水量（立方米/人）	人口用水占比相对指数
"七五"末	北京	798.00	288.00	1 086.00	73	378.64	29.35	0.87
	天津	485.44	380.81	866.25	56	243.58	30.01	1.35
	河北	1 183.00	4 976.00	6 159.00	19	332.85	7.52	0.99
	京津冀	2 466.44	5 644.81	8 111.25	30	329.44	12.84	1.00
"八五"末	北京	946.20	304.90	1 251.10	76	358.72	42.59	0.89
	天津	507.94	386.73	894.67	57	248.92	30.81	1.29
	河北	1 416.14	5 020.86	6 437.00	22	322.82	21.40	0.99
	京津冀	2 870.28	5 712.49	8 582.77	33	320.35	25.47	1.00
"九五"末	北京	1 057.40	306.20	1 364.00	78	296.19	44.45	1.02
	天津	584.48	416.52	1 001.00	58	226.17	32.67	1.34
	河北	1 759.26	4 984.74	6 744.00	26	314.59	24.91	0.96
	京津冀	3 401.14	5 707.46	9 109.00	37	302.12	28.69	1.00

续 表

规划期	地区	人口/万人 城镇人口	人口/万人 农村人口	人口/万人 总计	城镇化率/%	人均综合用水量（立方米/人）	人均居民生活用水量（立方米/人）	人口用水占比相对指数
"十五"末	北京	1 286.00	252.00	1 538.00	84	224.32	41.01	1.23
	天津	783.00	259.00	1 043.00	75	221.38	27.27	1.24
	河北	2 582.00	4 269.00	6 851.00	38	294.53	25.07	0.93
	京津冀	4 651.00	4 780.00	9 432.00	49	274.99	27.91	1.00
"十一五"末	北京	1 686.00	275.00	1 962.00	86	179.41	35.31	1.34
	天津	1 034.00	266.00	1 299.00	80	173.13	26.43	1.39
	河北	3 201.00	3 993.00	7 194.00	44	269.22	24.08	0.89
	京津冀	5 921.00	4 534.00	10 455.00	57	240.43	26.48	1.00
"十二五"末	北京	1 877.00	293.00	2 171.00	86	175.96	36.50	1.28
	天津	1 278.00	269.00	1 547.00	83	166.13	22.17	1.36
	河北	3 811.00	3 614.00	7 425.00	51	252.12	23.71	0.89
	京津冀	6 966.00	4 176.00	11 143.00	63	225.34	25.99	1.00
"十三五"末	北京	1 865.00	288.60	2 153.60	87	193.63	39.31	1.15
	天津	1 303.82	258.01	1 561.83	83	181.84	33.61	1.23
	河北	4 374.49	3 217.48	7 591.97	58	240.12	25.47	0.93
	京津冀	7 543.31	3 764.09	11 307.40	67	223.22	29.23	1.00

注：人口用水占比相对指数＝人口占比指数/用水总量占比指数。人口占比指数＝地区人口总量/京津冀人口总量，用水总量占比指数＝地区用水总量/京津冀用水总量。"十三五"末指标为2019年统计数据。

1. 京津冀人口规模变化

根据表3.2可知，"七五"末—"十三五"末，京津冀整体的人口规模呈现上升趋势，人口总数从8 111.25万人增至11 307.4万人，增长幅度达到39%，年均增长率为1.2%。同时，京津冀整体的城镇化率提高了1倍之多，从30%提高至67%。其中，北京人口规模增长最快，人口总数从1 086.00万人增至2 153.60万人，增长近1倍，年均增长率高达2.4%。天津人口总数从866.25万人增至1 561.83万人，增长幅度达到80%，年均增长率高达2.1%。河北人口总数从6 159.00万人增至7 591.97万人，增长幅度为23%，年均增长率低于1%(0.7%)。北京城镇化率从73%提高至87%，略高于天津(83%)，远超过河北(58%)。天津与北京的城镇化率不断缩小。尽管河北城镇化率相对较低，但提升最快。

从京津冀各个地区人口规模的显著变化对比来看，"七五"末—"十三五"

末,河北人口规模最大,其次为北京、天津。但河北与北京、天津人口规模的倍数效应不断减弱。"七五"末河北人口规模分别为北京、天津的5.7倍、7.1倍,至"十三五"末,河北人口规模已降至北京、天津的3.5倍、4.9倍。从京津冀各个地区城镇与农村的人口分布来看,一方面,河北与北京、天津的城镇人口规模倍数效应逐渐增强,"七五"末河北城镇人口规模分别为北京、天津的1.5倍、2.4倍。至"十三五"末,河北城镇人口规模已升至北京、天津的2.3倍、3.4倍。另一方面,河北与北京、天津的农村人口规模倍数效应快速减弱,"七五"末河北农村人口规模分别为北京、天津的17.3倍、13.1倍。至"十三五"时期,河北城镇人口规模已降至北京、天津的11.1倍、12.5倍。

2. 京津冀人均综合用水量变化

根据表3.2可知,京津冀整体的人均综合用水量持续下降,从329.44立方米降至223.22立方米,下降幅度达到32%,年均增长率为-1.3%。京津冀各个地区的人均综合用水量均呈现持续下降态势,其中,北京人均综合用水量下降最快,从378.64立方米降至193.63立方米,下降幅度约50%,年均增长率为-2.3%。天津和河北的人均综合用水量分别从243.58立方米、332.85立方米降至181.84立方米、240.12立方米,下降幅度分别为25%、28%,年均增长率分别为-1.0%、-1.1%。

从京津冀各个地区人均生活用水量的显著变化对比来看,首先,"七五"末—"八五"末,北京人均综合用水量最大,其次为河北、天津。但北京与天津、河北的人均综合用水量差距略有缩小。其中,"七五"末北京人均综合用水量分别为天津、河北的1.6倍、1.14倍。至"八五"末,北京人均综合用水量分别为天津、河北的1.4倍、1.11倍。然后,"九五"末—"十三五"末,河北人均综合用水量最大,其次为北京、天津。其中,"九五"末—"十一五"末,河北与北京、天津的人均综合用水量差距持续扩大,"九五"末河北人均综合用水量为北京、天津的1.1倍、1.4倍。至"十一五"末,河北人均综合用水量为北京、天津的1.5倍、1.6倍。"十二五"末—"十三五"末,河北与北京、天津的人均综合用水量差距逐步缩小,至"十三五"末,河北人均综合用水量为北京、天津的1.2倍、1.3倍。但相比"十二五"末,"十三五"末北京、天津的人均综合用水量均有所上升,分别从175.96立方米、166.13立方米增至193.63立方米、181.84立方米。

3. 京津冀人均居民生活用水量变化

根据表3.2可知,京津冀整体的人均居民生活用水量呈现上升趋势,从12.84立方米增至29.23立方米,增长了1.28倍,年均增长率为2.9%。其中,河北人均居民生活用水量增长最快,从 7.52 立方米增至 25.47 立方米,增长了近 2.4 倍,年均增长率高达 4.3%。北京人均居民生活用水量从 29.35 立方米波动式增至 39.31 立方米,增长幅度为 34%,年均增长率约为 1.0%。天津人均居民生活用水量先从 30.01 立方米增至"九五"末的 32.67 立方米,后持续降至"十二五"末的 22.17 立方米。至"十三五"时期,再次增至 33.61 立方米,但"七五"末—"十三五"末,天津人均居民生活用水量总体略有上升。

从京津冀各个地区人均居民生活用水量的显著变化对比来看,"七五"末—"十三五"末,京津冀各个地区的人均居民生活用水量总体均保持增长态势,且北京人均居民生活用水量相对最高,其次为天津、河北。其中,北京与天津的人均生活用水量差距总体扩大,"七五"末北京与天津相当,"十二五"末扩至天津的 1.6 倍,"十三五"末缩至天津的 1.2 倍。北京与河北的人均居民生活用水量差距持续缩小,"七五"末为河北的 3.9 倍,"十三五"末缩至河北的 1.5 倍。

4. 京津冀人口用水占比相对指数变化

根据表 3.2 可知,1990—2019 年,天津的人口用水占比相对指数最大,其次为北京、河北,其中,北京的人口占比指数均值、用水总量占比指数均值分别为 16%、15%,人口用水占比相对指数为 1.12。天津的人口占比指数均值、用水总量占比指数均值分别为 12%、9%,人口用水占比相对指数为 1.32。河北的人口占比指数均值、用水总量占比指数均值分别为 72%、76%,占比指数为 0.94。"七五"末—"八五"末,北京人口用水占比相对指数较小,从 0.87 增至 0.89,天津人口用水占比相对指数较大,从 1.35 略降至 1.29。河北人口用水占比相对指数接近 1,为 0.99。"九五"末—"十三五"末,北京人口用水占比相对指数逐渐扩大,从 1.02 增至"十一五"末的 1.34,再降至"十三五"末的 1.15。同期,天津人口用水占比相对指数呈波动式变化,但仍达到最大,从 1.34 增至"十一五"末的 1.39,再降至"十三五"末的 1.23。河北人口用水占比相对指数总体下降,从 0.96 降至"十二五"末的 0.89,再增至"十三五"末的 0.93。

3.3.1.3 灌溉面积和粮食总量

京津冀各个地区的灌溉面积和粮食总量决定了各个地区水资源配置与利用的农业特征。不同规划期京津冀各个地区的灌溉面积、粮食总量与农业用水变化见表 3.3。

表 3.3　不同规划期京津冀地区灌溉面积、粮食总量与农业用水变化

规划期	地区	有效灌溉面积/千公顷	有效灌溉面积占比指数/%	粮食总量/万吨	粮食总量占比指数/%	农业用水量/亿立方米	农业用水占比指数/%	灌溉面积用水占比相对指数	粮食总量用水占比相对指数
"七五"末	北京	335.10	7.6	264.62	9.7	21.74	10.5	0.72	0.92
	天津	326.90	7.4	188.75	6.9	10.36	5.0	1.47	1.38
	河北	3 758.49	85.0	2276.90	83.4	174.25	84.4	1.01	0.99
	京津冀	4 420.49	100.0	2 730.27	100.0	206.35	100.0	1.00	1.00
"八五"末	北京	292.40	6.3	259.76	8.1	19.33	10.2	0.62	0.80
	天津	332.40	7.1	207.46	6.5	10.48	5.5	1.29	1.17
	河北	4 040.01	86.6	2 739.03	85.4	160.01	84.3	1.03	1.01
	京津冀	4 664.81	100.0	3 206.25	100.0	189.82	100.0	1.00	1.00
"九五"末	北京	328.19	6.4	144.16	5.1	16.49	8.7	0.73	0.59
	天津	353.15	6.8	124.05	4.4	12.08	6.3	1.08	0.69
	河北	4 482.32	86.8	2 551.07	90.5	161.74	85.0	1.02	1.06
	京津冀	5 163.66	100.0	2 819.28	100.0	190.31	100.0	1.00	1.00
"十五"末	北京	181.47	3.6	94.93	3.4	12.67	7.2	0.50	0.47
	天津	355.20	7.0	137.50	4.9	13.59	7.7	0.91	0.63
	河北	4 547.75	89.4	2 598.58	91.8	150.22	85.1	1.05	1.08
	京津冀	5 084.42	100.0	2 831.01	100.0	176.48	100.0	1.00	1.00
"十一五"末	北京	211.42	4.1	115.69	3.4	10.83	6.5	0.63	0.52
	天津	344.61	6.8	160.56	4.7	10.97	6.6	1.02	0.71
	河北	4 548.01	89.1	3 120.99	91.9	143.77	86.8	1.03	1.06
	京津冀	5 104.04	100.0	3 397.24	100.0	165.57	100.0	1.00	1.00
"十二五"末	北京	137.35	2.8	62.64	1.6	6.40	4.2	0.68	0.39
	天津	308.87	6.3	184.48	4.8	12.50	8.1	0.78	0.59
	河北	4 447.98	90.9	3 602.19	93.6	135.30	87.7	1.04	1.07
	京津冀	4 894.20	100.0	3 849.31	100.0	154.20	100.0	1.00	1.00
"十三五"末	北京	109.67	2.2	29	0.7	3.7	2.9	0.77	0.25
	天津	304.66	6.2	223	5.6	9.2	7.2	0.86	0.77
	河北	4 492.33	91.6	3739	93.7	114.3	89.9	1.02	1.04
	京津冀	4 906.66	100.0	3 991	100.0	127.2	100.0	1.00	1.00

注：有效灌溉面积占比指数＝地区有效灌溉面积/京津冀有效灌溉面积，粮食总量占比指数＝地区粮食总量/京津冀粮食总量，农业用水占比指数＝地区农业用水量/京津冀农业用水量。灌溉面积用水占比相对指数＝有效灌溉面积占比指数/农业用水占比指数。粮食总量用水占比相对指数＝粮食总量占比指数/农业用水占比指数。"十三五"末有效灌溉面积、粮食总量、农业用水量为2019年统计数据。

1. 京津冀有效灌溉面积变化

根据表3.3可知,从京津冀各个地区有效灌溉面积占京津冀整体有效灌溉面积的比重变化来看,河北有效灌溉面积占比指数最大,其次为天津、北京。1990—2019年,河北、天津、北京的有效灌溉面积占比指数均值分别为88.3%、6.8%、4.8%。"七五"末—"十三五"末,河北从85.0%持续升至91.6%,北京从7.6%持续降至2.2%,天津从7.4%持续降至6.2%。

2. 京津冀粮食总量变化

根据表3.3可知,从京津冀各个地区粮食总量占京津冀整体粮食总量的比重变化来看,河北粮食总量占比指数最大,其次为天津、北京。1990—2019年,河北、天津、北京的粮食总量占比指数均值分别为89.9%、5.4%、4.6%。"七五"末—"十三五"末,河北从83.4%持续升至93.7%,北京从9.7%持续降至0.7%,天津从6.9%降至5.6%。

3. 京津冀农业用水变化

根据表3.3可知,从京津冀各个地区农业用水占京津冀整体农业用水的比重变化来看,河北农业用水占比指数最大,其次为北京、天津。1990—2019年,河北、北京、天津的农业用水占比指数均值分别为85.8%、7.4%、6.7%。"七五"末—"十三五"末,河北从84.4%持续升至89.9%,北京从10.5%持续降至2.9%,天津从5.0%升至7.2%。

4. 京津冀灌溉面积用水占比相对指数变化

根据表3.3可知,从京津冀各个地区灌溉面积用水占比相对指数变化来看,1990—2019年,河北灌溉面积用水占比相对指数最大,其次为天津、北京。其中,河北灌溉面积用水占比相对指数均值为1.03,天津为1.01,北京为0.64。"七五"末—"十五"末,河北灌溉面积用水占比相对指数平稳上升,从1.01升至1.05。天津灌溉面积用水占比相对指数持续下降,从1.47降至0.91,降幅达到38%。河北灌溉面积用水占比相对指数逐渐超越天津。北京灌溉面积用水占比相对指数波动式下降,从0.72降至0.50,降幅为31%。"十一五"末—"十三五"末,河北灌溉面积用水占比相对指数较为稳定,从1.03调至1.02。北京灌溉面积用水占比相对指数持续上升,从0.63升至0.77。天津灌溉面积用水占比相对指数仍保持波动式下降,从1.02降至0.86。

5. 京津冀粮食总量用水占比相对指数变化

根据表3.3可知,从京津冀各个地区粮食总量用水占比相对指数变化来看,1990—2019年,河北粮食总量用水占比相对指数最大,其次为天津、北京。其中,河北粮食总量用水占比相对指数均值为1.05,天津粮食总量用水占比相对指数均值为0.81,北京粮食总量用水占比相对指数均值为0.63。"七五"末—"十五"末,河北粮食总量用水占比相对指数平稳上升,从0.99升至1.08。天津粮食总量用水占比相对指数持续下降,从1.38降至0.63。河北粮食总量用水占比相对指数逐渐超越天津。北京粮食总量用水占比相对指数持续下降,从0.92降至0.47。"十一五"末—"十三五"末,河北粮食总量用水占比相对指数较为稳定,从1.06调至1.04。北京粮食总量用水占比相对指数持续下降,从0.52降至0.25。天津粮食总量用水占比相对指数波动式上升,从0.71升至0.77。

3.3.1.4 经济产值

京津冀各个地区的经济产值决定了各个地区水资源配置与利用的经济发展规模与经济特征。

1. 京津冀经济总产值用水占比相对指数变化

不同规划期京津冀各个地区的经济总产值用水占比相对指数变化见表3.4。

表3.4 不同规划期京津冀地区经济总产值用水占比相对指数变化

规划期	地区	经济总产值占比指数/%	用水总量占比指数/%	经济总产值用水占比相对指数
"七五"末	北京	29.32	15.39	1.91
	天津	18.20	7.90	2.31
	河北	52.48	76.72	0.68
	京津冀	100.00	100.00	1.00
"八五"末	北京	28.51	16.32	1.75
	天津	17.62	8.10	2.18
	河北	53.87	75.58	0.71
	京津冀	100.00	100.00	1.00
"九五"末	北京	31.91	14.68	2.17
	天津	17.18	8.23	2.09
	河北	50.91	77.09	0.66
	京津冀	100.00	100.00	1.00
"十五"末	北京	33.37	13.30	2.51
	天津	18.70	8.90	2.10
	河北	47.93	77.80	0.62
	京津冀	100.00	100.00	1.00

续表

规划期	地区	经济总产值占比指数	用水总量占比指数	经济总产值用水占比相对指数
"十一五"末	北京	32.27	14.00	2.30
	天津	21.09	8.95	2.36
	河北	46.63	77.05	0.61
	京津冀	100.00	100.00	1.00
"十二五"末	北京	33.18	15.21	2.18
	天津	23.84	10.23	2.33
	河北	42.97	74.55	0.58
	京津冀	100.00	100.00	1.00
"十三五"末	北京	41.82	16.52	2.53
	天津	16.68	11.25	1.48
	河北	41.50	72.23	0.57
	京津冀	100.00	100.00	1.00

注：经济总产值用水占比相对指数＝经济总产值占比指数/用水总量占比指数。经济总产值占比指数＝地区经济总产值/京津冀经济总产值。

根据表3.4可知，从京津冀各个地区经济总产值占京津冀整体经济总产值的比重变化来看，1990—2019年，河北经济总产值占比指数最大，其次为北京、天津。其中，河北、北京、天津经济总产值占比指数均值分别为48.5%、32.3%、19.1%。"七五"末—"十三五"末，河北经济总产值占比指数从52.48%持续降至41.50%。北京经济总产值占比指数从29.32%持续增至41.82%。天津经济总产值占比指数从18.20%增至"十二五"末的23.84%，随后降至"十三五"末的16.68%。

从京津冀各个地区用水总量占京津冀整体用水总量的比重变化来看，1990—2019年，河北用水总量占比指数最大，其次为北京、天津。其中，河北、北京、天津用水总量占比指数均值分别为76.3%、14.8%、8.9%。"七五"末—"十一五"末，河北、北京、天津用水总量占比指数分别维持在75.58%~77.80%、13.30%~16.32%、7.90%~8.95%区间变化。"十二五"末—"十三五"末，河北、北京、天津用水总量占比指数分别维持在72.23%~74.55%、15.21%~16.52%、10.23%~11.25%区间变化。

综合京津冀各个地区经济总产值用水占比相对指数变化来看，1990—2019年，北京经济总产值用水占比相对指数略高于天津，河北最低，北京、天津、河北经济总产值用水占比相对指数分别为2.19、2.15、0.64。"七五"末—

"八五"末,天津最高,但有所下降,从 2.31 降至 2.18。河北最低,但有所增长,从 0.68 增至 0.71。北京居中,并有所下降,从 1.91 降至 1.75。"九五"末—"十五"末,北京最高,并有所增长,从 2.17 增至 2.51。天津维持在 2.09~2.10 区间变化。河北最低,并有所下降,从 0.66 降至 0.62。"十一五"末—"十二五"末,天津最高,并有所下降,从 2.36 降至 2.33。河北最低,并有所下降,从 0.61 降至 0.58。北京居中,并有所下降,从 2.30 降至 2.18。至"十三五"末,北京经济总产值用水占比相对指数明显高于天津、河北,北京、天津、河北经济总产值用水占比相对指数分别为 2.53、1.48、0.57。

2. 京津冀第一产业增加值用水占比相对指数变化

不同规划期京津冀各个地区的第一产业增加值用水占比相对指数变化见表3.5。

表3.5　不同规划期京津冀地区第一产业增加值用水占比相对指数变化

规划期	地区	第一产业增加值占比指数/%	第一产业用水占比指数/%	第一产业增加值用水占比相对指数	农业增加值用水占比指数/%	农业用水占比指数/%	农业增加值用水占比相对指数
"七五"末	北京	14.67	10.54	1.39	14.67	10.54	1.39
	天津	9.13	5.02	1.82	9.13	5.02	1.82
	河北	76.19	84.44	0.90	76.19	84.44	0.90
	京津冀	100.00	100.00	1.00	100.00	100.00	1.00
"八五"末	北京	9.60	10.18	0.94	9.60	10.18	0.94
	天津	7.94	5.52	1.44	7.94	5.52	1.44
	河北	82.46	84.30	0.98	82.46	84.30	0.98
	京津冀	100.00	100.00	1.00	100.00	100.00	1.00
"九五"末	北京	8.11	8.66	0.94	8.11	8.66	0.94
	天津	7.54	6.35	1.19	7.54	6.35	1.19
	河北	84.35	84.99	0.99	84.35	84.99	0.99
	京津冀	100.00	100.00	1.00	100.00	100.00	1.00
"十五"末	北京	5.54	7.18	0.77	5.54	7.18	0.77
	天津	7.02	7.73	0.91	7.02	7.70	0.91
	河北	87.44	85.10	1.03	87.44	85.12	1.03
	京津冀	100.00	100.00	1.00	100.00	100.00	1.00

续表

规划期	地区	第一产业增加值占比指数	第一产业用水占比指数	第一产业增加值用水占比相对指数	农业增加值占比指数	农业用水占比指数	农业增加值用水占比相对指数
"十一五"末	北京	4.39	6.54	0.67	4.39	6.54	0.67
	天津	5.14	6.69	0.77	5.14	6.63	0.78
	河北	90.47	86.77	1.04	90.47	86.83	1.04
	京津冀	100.00	100.00	1.00	100.00	100.00	1.00
"十二五"末	北京	3.70	4.15	0.89	3.63	4.15	0.87
	天津	5.51	8.05	0.69	5.35	8.11	0.66
	河北	90.79	87.80	1.03	91.02	87.74	1.04
	京津冀	100.00	100.00	1.00	100.00	100.00	1.00
"十三五"末	北京	2.98	2.91	1.02	2.86	2.91	0.98
	天津	4.85	7.23	0.67	4.44	7.23	0.61
	河北	92.17	89.86	1.03	92.70	89.86	1.03
	京津冀	100.00	100.00	1.00	100.00	100.00	1.00

注：第一产业增加值用水占比指数＝第一产业增加值占比指数/第一产业用水量占比指数；农业增加值用水占比相对指数＝农业增加值占比指数/农业用水量占比指数。第一产业增加值占比指数＝地区第一产业增加值/京津冀第一产业增加值，农业增加值占比指数＝地区农业增加值/京津冀农业增加值。第一产业用水量占比指数＝地区第一产业用水量/京津冀第一产业用水量，农业用水量占比指数＝地区农业用水量/京津冀农业用水量。

①第一产业增加值用水占比相对指数变化

根据表3.5可知，从京津冀各个地区第一产业增加值占京津冀整体第一产业增加值的比重变化来看，1990—2019年，河北第一产业增加值占比指数最大，其次为北京、天津。其中，河北、北京、天津第一产业增加值占比指数均值分别为86.2%、7.1%、6.7%。"七五"末—"十三五"末，北京、天津第一产业增加值占比指数分别从14.67%、9.13%持续降至2.98%、4.85%。河北第一产业增加值占比指数从76.19%持续增至92.17%。

从京津冀各个地区第一产业用水占京津冀整体第一产业用水的比重变化来看，1990—2019年，河北第一产业用水占比指数最大，其次为北京、天津。其中，河北、北京、天津第一产业用水占比指数均值分别为85.8%、7.4%、6.7%。"七五"末—"十二五"末，北京第一产业用水占比指数从10.54%持续降至4.15%。天津、河北第一产业用水量占比指数分别从5.02%、84.44%持续增至8.05%、87.80%。至"十三五"末，北京进一步降至2.91%，河北进一步增至89.86%，天津略降至7.23%。

综合京津冀各个地区第一产业增加值用水占比相对指数变化来看，1990—2019年，河北第一产业增加值用水占比相对指数略高于天津，北京最低，河北、天津、北京的第一产业增加值用水占比相对指数分别为1.00、0.99、0.95。"七五"末—"十一五"末，天津、北京分别从1.82、1.39快速降至0.77、0.67。河北从0.90增至1.04，超越北京和天津。"十二五"末—"十三五"末，河北最高，稳定在1.03。天津最低，并有所下降，从0.69降至0.67。北京居中，并有所增长，从0.89增至1.02。

②农业增加值用水占比相对指数变化

根据表3.5可知，从京津冀各个地区农业增加值占京津冀整体农业增加值的比重变化来看，1990—2019年，河北农业增加值占比指数最大，其次为北京、天津。其中，河北、北京、天津农业增加值占比指数均值分别为86.3%、7.1%、6.6%。"七五"末—"十三五"末，北京、天津农业增加值占比指数分别从14.67%、9.13%持续降至2.86%、4.44%。河北农业增加值占比指数从76.19%持续增至92.70%。

从京津冀各个地区农业用水占京津冀整体农业用水的比重变化来看，1990—2019年，河北农业用水占比指数最大，其次为北京、天津。其中，河北、北京、天津农业用水占比指数均值分别为85.8%、7.4%、6.7%。"七五"末—"十二五"末，北京农业用水占比指数从10.54%持续降至4.15%。天津、河北农业用水占比指数分别从5.02%、84.44%持续增至8.11%、87.74%。至"十三五"末，北京进一步降至2.91%，河北进一步增至89.86%，天津略降至7.23%。

综合京津冀各个地区农业增加值用水占比相对指数变化来看，1990—2019年，河北农业增加值用水占比相对指数略高于天津，北京最低，河北、天津、北京农业增加值用水占比相对指数分别为1.01、0.99、0.95。"七五"末—"十一五"末，天津、北京分别从1.82、1.39快速降至0.78、0.67。河北从0.90增至1.04，超越北京和天津。"十二五"末—"十三五"末，河北最高，维持在1.03~1.04区间变化。天津最低，并有所下降，从0.66降至0.61。北京居中，并有所增长，从0.87增至0.98。

3. 京津冀第二产业增加值用水占比相对指数变化

不同规划期京津冀各个地区的第二产业用水占比相对指数变化见表3.6。

表 3.6　不同规划期京津冀地区第一产业增加值用水占比相对指数变化

规划期	地区	第二产业增加值占比指数/%	第二产业用水占比指数/%	第二产业增加值用水占比相对指数	工业增加值占比指数/%	工业用水占比指数/%	工业增加值用水占比相对指数
"七五"末	北京	31.56	30.12	1.05	29.67	29.75	1.00
	天津	21.82	16.08	1.36	22.40	15.89	1.41
	河北	46.62	53.80	0.87	47.93	54.36	0.88
	京津冀	100.00	100.00	1.00	100.00	100.00	1.00
"八五"末	北京	25.97	27.78	0.93	24.59	27.42	0.90
	天津	20.85	14.90	1.40	21.80	14.70	1.48
	河北	53.18	57.33	0.93	53.61	57.88	0.93
	京津冀	100.00	100.00	1.00	100.00	100.00	1.00
"九五"末	北京	23.42	24.70	0.95	22.03	24.35	0.90
	天津	19.58	12.54	1.56	20.51	12.36	1.66
	河北	57.00	62.76	0.91	57.46	63.29	0.91
	京津冀	100.00	100.00	1.00	100.00	100.00	1.00
"十五"末	北京	21.48	18.72	1.15	20.40	18.39	1.11
	天津	22.63	12.20	1.85	23.39	12.20	1.92
	河北	55.88	69.07	0.81	56.21	69.41	0.81
	京津冀	100.00	100.00	1.00	100.00	100.00	1.00
"十一五"末	北京	17.89	15.63	1.15	16.52	15.36	1.08
	天津	25.56	14.75	1.73	26.37	14.66	1.80
	河北	56.55	69.62	0.81	57.11	69.98	0.82
	京津冀	100.00	100.00	1.00	100.00	100.00	1.00
"十二五"末	北京	17.06	12.20	1.40	15.91	12.03	1.32
	天津	28.93	17.21	1.68	29.94	16.77	1.79
	河北	54.02	70.59	0.77	54.14	71.20	0.76
	京津冀	100.00	100.00	1.00	100.00	100.00	1.00
"十三五"末	北京	23.54	12.14	1.94	21.05	11.96	1.76
	天津	20.46	20.24	1.01	21.84	19.93	1.10
	河北	56.00	67.62	0.83	57.10	68.12	0.84
	京津冀	100.00	100.00	1.00	100.00	100.00	1.00

注：第二产业增加值用水占比相对指数＝第二产业增加值占比指数/第二产业用水量占比指数；工业增加值用水占比相对指数＝工业增加值占比指数/工业用水量占比指数。第二产业增加值占比指数＝地区第二产业增加值/京津冀第二产业增加值，工业增加值占比指数＝地区工业增加值/京津冀工业增加值。第二产业用水量占比指数＝地区第二产业用水量/京津冀第二产业用水量，工业用水量占比指数＝地区工业用水量/京津冀工业用水量。

①第二产业增加值用水占比指数变化

根据表3.6可知,从京津冀各个地区第二产业增加值占京津冀整体第二产业增加值的比重变化来看,1990—2019年,河北第二产业增加值占比指数最大,其次为天津、北京。其中,河北、天津、北京第二产业增加值占比指数均值分别为55.1%、22.8%、22.2%。"七五"末—"十五"末,北京第二产业增加值占比指数从31.56%持续降至21.48%,河北对应从46.62%持续增至55.88%,天津维持在19.58%~22.63%区间变化。"十一五"末—"十二五"末,北京第二产业增加值占比指数维持在17%~18%区间变化,天津对应从25.56%增至28.93%,河北第二产业增加值占比指数从56.55%降至54.02%。至"十三五"末,北京、河北第二产业增加值占比指数分别增至23.54%、56.00%,天津第二产业增加值占比指数降至20.46%。

从京津冀各个地区第二产业用水占京津冀整体第二产业用水的比重变化来看,1990—2019年,河北第二产业用水占比指数最大,其次为北京、天津。其中,河北、北京、天津第二产业用水占比指数均值分别为65.5%、20.0%、14.5%。"七五"末—"十五"末,北京、天津第二产业用水占比指数分别从30.12%、16.08%持续降至18.72%、12.20%,河北第二产业用水占比指数从53.80%持续增至69.07%。"十一五"末—"十三五"末,北京进一步从15.63%降至12.14%,天津逐步从14.75%增至20.24%,河北从69.62%波动式降至67.62%。

综合京津冀各个地区第二产业增加值用水占比相对指数变化来看,1990—2019年,天津第二产业增加值用水占比相对指数明显高于北京、河北,天津、北京、河北第二产业增加值用水占比相对指数分别为1.57、1.11、0.84。"七五"末—"九五"末,天津、河北分别从1.36、0.87逐步增至1.56、0.91,北京从1.05降至0.95。"十五"末—"十一五"末,北京、河北分别稳定在1.15、0.81,天津从1.85降至1.73。"十二五"末—"十三五"末,北京、河北均有所增长,分别从1.40、0.77增至1.94、0.83,天津从1.68降至1.01。

②工业增加值用水占比相对指数变化

根据表3.6可知,从京津冀各个地区工业增加值占京津冀整体工业增加值的比重变化来看,1990—2019年,河北工业增加值占比指数最大,其次为天津、北京。其中,河北、天津、北京工业增加值占比指数均值分别为55.7%、23.6%、20.7%。"七五"末—"十五"末,北京工业增加值占比指数从约30%持续降至20%左右,河北工业增加值占比指数从约48%持续增至约56%,天津工业增加值占比指数维持在20%~24%区间变化。"十一五"末—"十三五"末,北京、天津工业增加值占比指数分别从16.52%增至21.05%、从26.37%降至21.84%,河北工业增加值占比指数总体稳定在57.10%。

从京津冀各个地区工业用水占京津冀整体工业用水的比重变化来看,1990—2019年,河北工业用水占比指数最大,其次为北京、天津。其中,河北、北京、天津工业用水量占比指数均值分别为66.0%、19.7%、14.3%。"七五"末—"十五"末,北京、天津工业用水量占比指数分别从29.75%、15.89%持续降至18.39%、12.20%,河北工业用水量占比指数从54.36%持续增至69.41%。"十一五"末—"十三五"末,北京进一步从15.36%降至11.96%,天津逐步从14.66%增至19.93%,河北从69.98%略降至68.12%。

综合京津冀各个地区工业增加值用水占比相对指数变化来看,1990—2019年,天津工业增加值用水占比相对指数明显高于北京、河北,天津、北京、河北工业加值用水占比相对指数分别为1.65、1.05、0.84。"七五"末—"九五"末,天津、河北分别从1.41、0.88逐步增至1.66、0.91,均超越北京,北京从1.00降至0.90。"十五"末—"十一五"末,北京、天津分别从1.11、1.92逐步降至1.08、1.80,河北也有所下降,维持在0.81~0.82区间变化。至"十三五"末,天津、河北均有所下降,分别降至1.10、0.84,北京进一步增至1.76。

4. 京津冀第三产业增加值用水占比相对指数变化

不同规划期京津冀各个地区的第三产业增加值用水占比相对指数变化见表3.7。

表3.7 不同规划期京津冀地区第三产业增加值用水占比相对指数变化

规划期	地区	第三产业增加值占比指数/%	第三产业用水占比指数/%	第三产业增加值用水占比相对指数
"七五"末	北京	33.68	56.45	0.60
	天津	17.70	20.99	0.84
	河北	48.63	22.56	2.16
	京津冀	100.00	100.00	1.00
"八五"末	北京	38.71	59.81	0.65
	天津	17.32	12.70	1.36
	河北	43.97	27.49	1.60
	京津冀	100.00	100.00	1.00
"九五"末	北京	45.36	54.68	0.83
	天津	16.92	12.91	1.31
	河北	37.73	32.40	1.16
	京津冀	100.00	100.00	1.00

续表

规划期	地区	第三产业增加值占比指数/%	第三产业用水占比指数/%	第三产业增加值用水占比相对指数
"十五"末	北京	49.27	56.79	0.87
	天津	16.83	8.95	1.88
	河北	33.90	34.26	0.99
	京津冀	100.00	100.00	1.00
"十一五"末	北京	48.27	56.86	0.85
	天津	19.30	10.65	1.81
	河北	32.43	32.49	1.00
	京津冀	100.00	100.00	1.00
"十二五"末	北京	47.08	61.24	0.77
	天津	22.15	7.29	3.04
	河北	30.77	31.48	0.98
	京津冀	100.00	100.00	1.00
"十三五"末	北京	52.31	55.59	0.94
	天津	15.85	10.50	1.51
	河北	31.85	33.92	0.94
	京津冀	100.00	100.00	1.00

注：第三产业增加值用水占比相对指数＝第三产业增加值占比指数/第三产业用水量占比指数。第三产业增加值占比指数＝地区第三产业增加值/京津冀第三产业增加值，第三产业用水量占比指数＝地区第三产业用水量/京津冀第三产业用水量。

根据表3.7可知，从京津冀各个地区第三产业增加值占京津冀整体第三产业增加值的比重变化来看，1990—2019年，北京第三产业增加值占比指数最大，其次为河北、天津。其中，北京、河北、天津第三产业增加值占比指数均值分别为45.1%、36.8%、18.0%。"七五"末—"十二五"末，北京第三产业增加值占比指数从33.68%持续增至47.08%，河北第三产业增加值占比指数从48.63%持续降至30.77%，天津第三产业增加值占比指数从17.70%缓慢增至22.15%。至"十三五"末，北京、河北分别增至52.31%、31.85%，天津快速降至15.85%。

从京津冀各个地区第三产业用水量占京津冀整体第三产业用水量的比重变化来看，1990—2019年，北京第三产业用水量占比指数最大，其次为河北、天津。其中，北京、河北、天津第三产业用水量占比指数均值分别为57.7%、31.0%、11.3%。"七五"末—"十五"末，北京第三产业用水量占比指数波动性变化明显，从56.45%先升至59.81%，后降至54.68%，再升至

56.79%。天津第三产业用水量占比指数从 20.99% 降至 8.95%。河北第三产业用水量占比指数从 22.56% 持续增至 34.26%。"十一五"末—"十二五"末,北京从 56.86% 逐渐增至 61.24%,天津、河北分别从 10.65%、32.49% 降至 7.29%、31.48%。至"十三五"末,北京再降至 55.59%,天津、河北逐渐增至 10.50%、33.92%。

综合京津冀各个地区第三产业增加值用水占比相对指数变化来看,1990—2019 年,天津第三产业增加值用水占比相对指数明显高于北京、河北,天津、河北、北京第三产业增加值用水占比相对指数分别为 1.59、1.19、0.78。"七五"末—"十五"末,北京、天津分别从 0.60、0.84 逐步增至 0.87、1.88,河北从 2.16 降至 0.99。"十一五"末—"十二五"末,北京从 0.85 逐步降至 0.77,河北稳定在 0.98~1.00 区间变化,天津进一步从 1.81 增至 3.04。至"十三五"末,北京、天津、河北分别为 0.94、1.51、0.94。

3.3.1.5 用水效益

京津冀各个地区的用水效益决定了各个地区不同经济产业或行业的水资源配置与利用的效应特征。不同规划期京津冀各个地区的用水效益变化见表 3.8。

表 3.8 不同规划期京津冀地区用水效益变化　　　　　单位:元

规划期	地区	单方水GDP	三次产业用水效益 单方水第一产业产值	三次产业用水效益 单方水第二产业产值	三次产业用水效益 单方水第三产业产值	工农业用水效益 单方水农业产值	工农业用水效益 单方水工业产值
"七五"末	北京	12.18	2.00	20.31	63.87	2.02	17.77
	天津	14.74	2.61	26.29	90.27	2.64	25.13
	河北	4.37	1.29	16.79	230.81	1.31	15.71
	京津冀	6.39	1.43	19.38	107.06	1.45	17.82
"八五"末	北京	33.59	3.76	44.77	140.97	3.80	38.30
	天津	41.85	5.74	67.03	296.97	5.80	63.32
	河北	13.71	3.90	44.43	348.38	3.95	39.55
	京津冀	19.24	3.99	47.89	217.80	4.03	42.70
"九五"末	北京	78.26	4.76	93.82	307.60	4.81	80.23
	天津	75.17	6.04	154.52	485.90	6.10	147.18
	河北	23.77	5.05	89.88	431.77	5.10	80.53
	京津冀	36.00	5.08	98.96	370.86	5.14	88.70

续表

规划期	地区	单方水GDP	三次产业用水效益			工农业用水效益	
			单方水第一产业产值	单方水第二产业产值	单方水第三产业产值	单方水农业产值	单方水工业产值
"十五"末	北京	202.02	6.93	284.67	676.89	7.00	251.04
	天津	169.15	8.18	452.21	1 235.48	8.27	434.14
	河北	49.62	9.22	200.73	772.01	9.32	183.33
	京津冀	80.53	8.98	247.58	767.33	9.07	226.38
"十一五"末	北京	400.95	11.36	639.65	1 314.90	11.48	546.24
	天津	410.16	13.13	957.24	2 499.60	13.27	913.22
	河北	105.30	17.64	453.70	1 546.44	17.83	414.31
	京津冀	173.98	16.93	557.70	1 529.01	17.11	507.70
"十二五"末	北京	602.48	21.68	1 141.89	1 943.68	22.28	976.55
	天津	643.51	16.53	1 388.53	7 244.69	16.84	1317.48
	河北	159.22	25.18	624.77	2 471.31	26.45	561.16
	京津冀	276.22	24.31	818.14	2 516.98	25.50	737.97
"十三五"末	北京	848.23	30.41	1 654.28	2 942.51	31.41	1 285.18
	天津	496.63	19.92	863.02	4 721.03	19.57	800.00
	河北	192.56	30.46	706.69	2 936.20	32.90	611.86
	京津冀	335.10	28.28	815.96	3 127.04	31.90	729.86

1. 京津冀整体用水效益变化

根据表3.8可知,"七五"末—"十三五"末,从京津冀用水效益变化来看,京津冀整体的用水效益呈现高速上升趋势,单方水GDP从6.39元增至335.10元,增长超过51倍,年均增长率高达15.2%。其中,北京用水效益增长最快,单方水GDP从12.18元增至848.23元,增长超过68倍,年均增长率高达16.4%。天津单方水GDP从14.74元增至496.63元,增长了近33倍,年均增长率高达13.4%。河北单方水GDP从4.37元增至192.56元,增长超过43倍,年均增长率高达14.5%。

从京津冀各个地区用水效益的显著变化对比来看,"七五"末—"八五"末,天津用水效益最高,"七五"末单方水GDP分别为北京、河北的1.2倍、3.4倍,"八五"末单方水GDP分别为北京、河北的1.2倍、3.1倍。"九五"末—"十五"末,北京用水效益最高,与天津、河北的用水效益差距不断扩大,"九五"末单方水GDP分别为天津、河北的1.04倍、3.3倍,"十五"末单方水GDP分别为天津、河北的1.2倍、4.1倍。"十一五"末—"十二五"末,天津用水效益超过北京,达到最高,并与北京、河北的用水效益差距不断扩大,"十一五"末单方水 GDP 分别为北京、河北的 1.02 倍、3.9 倍,"十二五"末单方水 GDP 分别为北京、河北的 1.1 倍、4.0 倍。至"十三五"末,北京用水效益再次超过天津,并远超天津和河北,单方水 GDP 分别为天津、河北的 1.7 倍、4.4 倍。

2. 京津冀三次产业用水效益变化

①第一产业用水效益变化

根据表 3.8 可知,"七五"末—"十三五"末,从京津冀第一产业用水效益变化来看,京津冀整体的第一产业用水效益呈现快速上升趋势,单方水第一产业产值从 1.43 元增至 28.28 元,增长了近 19 倍,年均增长率高达 11.2%。其中,河北第一产业用水效益增长最快,单方水第一产业产值从 1.29 元增至 30.46 元,增长近 23 倍,年均增长率高达 12.0%。北京单方水第一产业产值从 2.00 元增至 30.41 元,增长超过 14 倍,年均增长率高达 10.2%。天津单方水第一产业产值从 2.61 元增至 19.92 元,增长超过 6.6 倍,年均增长率高达 7.5%。

从京津冀各个地区第一产业用水效益的显著变化对比来看,"七五"末—"九五"末,天津第一产业用水效益最高,与北京第一产业用水效益差距扩大,但与河北第一产业用水效益差距缩小,"七五"末单方水第一产业产值分别为北京、河北的 1.3 倍、2.0 倍,"八五"末单方水第一产业产值分别为北京、河北的 1.5 倍、1.5 倍,"九五"末单方水第一产业产值分别为北京、河北的 1.3 倍、1.2 倍。"十五"末—"十二五"末,河北第一产业用水效益超过天津,达到最高,并与北京第一产业用水效益差距先扩大、后缩小,与天津第一产业用水效益差距不断扩大,"十五"末河北单方水第一产业产值分别为北京、天津的 1.3 倍、1.1 倍,"十一五"末单方水第一产业产值分别为北京、天津的 1.6 倍、1.3 倍,"十二五"末单方水第一产业产值分别为北京、天津的 1.2 倍、1.5 倍。"十三五"末,河北第一产业用水效益略超过北京,仍为最高,河北单方水第一产业产值分别为北京、天津的 1.0 倍、1.5 倍。

②第二产业用水效益变化

根据表 3.8 可知,"七五"末—"十三五"末,京津冀整体的第二产业用水效益呈现快速上升趋势,单方水第二产业产值从 19.38 元增至 815.96 元,增长了近 42 倍,年均增长率高达 14.3%。其中,北京第二产业用水效益增长最快,单方水第二产业产值从 20.31 元增至 1 654.28 元,增长超过 80 倍,年均增长率高达 17.0%。天津单方水第二产业产值从 26.29 元增至 863.02 元,增长了近 32 倍,年均增长率高达 13.3%。河北单方水第二产业产值从 16.79

元增至706.69元,增长了41倍,年均增长率高达14.4%。

从京津冀各个地区第二产业用水效益的显著变化对比来看,"七五"末—"十五"末,天津第二产业用水效益最高,"七五"末天津单方水第二产业产值分别为北京、河北的1.3倍、1.6倍。"十五"末增至1.6倍、2.3倍。"十一五"末—"十二五"末,天津第二产业用水效益仍最高,但与天津、河北的第二产业用水效益差距不断缩小,"十二五"末天津单方水第二产业产值降至北京、河北的1.2、2.2倍。至"十三五"末,北京第二产业用水效益超过天津,达到最高,分别为天津、河北的1.9倍、2.3倍。

③第三产业用水效益变化

根据表3.8可知,"七五"末—"十三五"末,京津冀整体的第三产业用水效益呈现快速上升趋势,单方水第三产业产值从107.06元增至3 127.04元,增长超过28倍,年均增长率高达12.8%。其中,天津第三产业用水效益增长最快,单方水第三产业产值从90.27元增至4 721.03元,增长超过51倍,年均增长率高达15.2%。北京单方水第三产业产值从63.87元增至2 942.51元,增长超过45倍,年均增长率高达14.7%。河北单方水第三产业产值从230.81元增至2 936.20元,增长接近12倍,年均增长率高达9.5%。

从京津冀各个地区第三产业用水效益的显著变化对比来看,"七五"末—"八五"末,河北第三产业用水效益最高,"七五"末单方水第三产业产值分别为北京、天津的3.6倍、2.6倍,"八五"末降至北京、天津的2.5倍、1.2倍。"九五"末—"十三五"末,天津第三产业用水效益最高,"九五"末单方水第三产业产值分别为北京、河北的1.6倍、1.1倍,"十二五"末增至北京、河北的3.7倍、2.9倍。"十三五"末降至北京、河北的1.6倍、1.6倍。

3. 工农业用水效益变化

①农业用水效益变化

根据表3.8可知,"七五"末—"十三五"末,从京津冀农业用水效益变化来看,京津冀整体的农业用水效益呈现快速上升趋势,单方水农业产值从1.45元增至31.90元,增长了21倍,年均增长率高达11.7%。其中,作为京津冀地区唯一的农业大省,河北农业用水效益增长最快,单方水农业产值从1.31元增至32.90元,增长超过24倍,年均增长率高达12.2%。北京单方水农业产值从2.02元增至31.41元,增长了14.5倍,年均增长率高达10.3%。天津单方水农业产值从2.64元增至19.57元,增长超过6倍,年均增长率高达7.4%。

从京津冀各个地区农业用水效益的显著变化对比来看,"七五"末—"九五"末,天津农业用水效益最高,与北京农业用水效益差距扩大,但与河北农业用水效益差距缩小,"七五"末单方水农业产值分别为北京、河北的1.3倍、2.0倍,"八五"末单方水农业产值分别为北京、河北的1.5倍、1.5倍,"九五"末单方水农业产值分别为北京、河北的1.3倍、1.2倍。"十五"末—"十三五"末,河北农业用水效益超过天津,达到最高,并与北京农业用水效益差距波动式扩大,与天津农业用水效益差距不断扩大,"十五"末河北单方水农业产值分别为北京、天津的1.3倍、1.1倍,"十一五"末单方水农业产值分别为北京、天津的1.6倍、1.3倍,"十二五"末单方水农业产值分别为北京、天津的1.2倍、1.6倍,"十三五"末单方水农业产值分别为北京、天津的1.1倍、1.7倍。

②工业用水效益变化

根据表3.8可知,"七五"末—"十三五"末,从京津冀工业用水效益变化来看,京津冀整体的工业用水效益呈现高速上升趋势,单方水工业产值从17.82元增至729.86元,增长了近40倍,年均增长率高达14.2%。其中,北京工业用水效益增长最快,单方水工业产值从17.77元增至1 285.18元,增长超过71倍,年均增长率高达16.5%。天津单方水工业产值从25.13元增至800.00元,增长了近31倍,年均增长率高达13.2%。河北单方水工业产值从15.71元增至611.86元,增长了近38倍,年均增长率高达14.0%。

从京津冀各个地区工业用水效益的显著变化对比来看,"七五"末—"十二五"末,天津工业用水效益最高,与北京、河北的工业用水效益差距均呈现"先扩大、后缩小"变化趋势,"七五"末单方水工业产值分别为北京、河北的1.4倍、1.6倍,"八五"末单方水工业产值分别为北京、河北的1.7倍、1.6倍,"九五"末单方水工业产值分别为北京、河北的1.8倍、1.8倍,"十五"末单方水工业产值分别为北京、河北的1.7倍、2.4倍,"十一五"末单方水工业产值分别为北京、河北的1.7倍、2.2倍,"十二五"末单方水工业产值分别为北京、河北的1.3倍、2.3倍。至"十三五"末,北京工业用水效益超过天津,达到最高,分别为天津、河北的1.6倍、2.1倍。

综合京津冀用水效益变化来看,北京用水效益增长最快,河北第一产业和农业用水效益增长最快,北京第二产业和工业用水效益增长最快,天津第三产业用水效益增长最快。至"十三五"末,北京用水效益最大,河北第一产业和农业用水效益最大,北京第二产业和工业用水效益最大,天津第三产业用水效益最大。

3.3.2 多目标耦合优化模型构建

对京津冀水资源与产业结构双向优化的地区层适配方案进行设计时,多目标耦合投影寻踪模型的构建可表述为:

3.3.2.1 地区层适配方案设计的原则

我国大多数学者认为,水资源配置遵循的基本原则为:公平与效率兼顾、公平优先;尊重用水现状;向经济发展重点行业适当倾斜,保障国民经济的可持续发展。参考我国水资源配置的政策法规和水资源配置实践成果,京津冀水资源配置过程必须结合总体目标,综合考虑各个地区的经济社会发展目标,统筹兼顾各个地区的用水需求,保障各个地区水资源配置的公平性与高效性。为此,从总量控制、基本民生保障、尊重历史与现状、未来需求导向、公平与高效、水环境保护、可持续利用等方面,构造地区层适配方案设计的水资源配置原则,具体包括:

1. 总量控制原则

京津冀各个地区获得的水资源配置量之和必须控制在京津冀整体可分配的水资源利用总量范围内。京津冀各个地区获得的水资源配置量必须限定在各个地区的用水总量控制范围内。

2. 基本民生保障原则

根据京津冀各个地区的经济社会发展目标,必须统筹兼顾各个地区用水决策实体的利益诉求,不仅要保障各个地区的基本居民生活用水需求,同时要保障各个地区粮食生产安全的农田基本灌溉用水需求。

3. 尊重历史与现状原则

结合京津冀的基本区情与水情,以京津冀各个地区的现状实际用水比例为参考依据,对各个地区的水资源利用进行合理配置,是京津冀水资源配置应遵循的一个重要原则。

4. 未来需求导向原则

结合京津冀的基本区情与水情,在京津冀供水总量限定条件下,以京津冀各个地区的未来用水需求为导向,对京津冀各个地区的水资源进行合理配置,切实落实"以水定供、以水定需",是京津冀水资源配置应遵循的一个重要原则。

5. 公平性原则

水资源同时具有公共资源与经济资源的属性,水资源配置需要考虑各个地区的人口总数、耕地面积、有效灌溉面积、生产总值等多方面的因素,既满足各个地区社会保障用水的公平配置,又满足各个地区经济产业发展用水的公平配置。

6. 高效性原则

提高水资源利用效率与综合经济效益是京津冀水资源与产业结构双向优化适配的重要目标之一。各个地区的水资源配置必须在充分体现公平性的基础上,提高经济产业发展的水资源利用效率与综合经济效益。

7. 水环境保护原则

京津冀水资源配置利用过程必须保护水环境,严格控制水污染排放量,保障京津冀水污染排放量控制在其水生态环境承载阈值范围内,同时保障京津冀各个地区的水污染排放量控制在其水生态环境承载阈值范围内,提高京津冀地区经济发社会展的纳污能力,提升京津冀水生态环境建设水平。

8. 可持续利用原则

京津冀水资源配置涉及京津冀各个地区用水决策实体的切身利益,必须以京津冀各个地区经济产业发展的水资源承载能力作为水资源配置的约束条件,按照以水定需的方式进行水资源配置,维护各个地区水资源利用的相关利益,确保实现水资源利用的可持续性。

3.3.2.2 集成目标函数的多目标优化模型

京津冀水资源配置过程,依据基本民生保障原则,优先扣除基本居民生活用水需求,再对各个地区的水资源进行配置。即可用公式表述为

$$
\begin{cases} W_i = W_{1i} + W_{2i} + W_{3i} + W_{Li} + W_{Ei} \\ W_{Li} = Q_{Li1} \cdot P_{i1} + Q_{Li2} \cdot P_{i2} \\ i = 1, 2 \cdots, n \end{cases} \tag{3.1}
$$

式(3.1)中,W_i 为第 i 个地区的水资源配置量;W_{1i}、W_{2i}、W_{3i} 分别为第 i 个地区第一、第二、第三产业的水资源配置量;W_{Li} 为第 i 个地区的居民生活用水配置量;W_{Ei} 为第 i 个地区河道外生态环境建设的水资源配置量;Q_{Li1} 为第 i 个地区的城镇生活用水定额;Q_{Li2} 为第 i 个地区的农村生活用水定额;P_{i1} 为第 i 个地区的城镇人口数,P_{i2} 为第 i 个地区的农村人口数;n 为参与水资源配置的分区总数。

根据公式(3.1)及京津冀水资源配置的总体目标,结合水资源配置应遵循的基本原则,构建各配置原则下的目标满意度函数。即

(1) 基于总量控制原则的目标满意度函数 S_1 可构造为

$$S_1 = \min(S_{1i}) \tag{3.2}$$

式(3.2)中，S_1 为基于总量控制原则的目标满意度函数，$S_{1i} = \begin{cases} 1, & W_i \leqslant SW_i \\ 0, & W_i > SW_i \end{cases}$ 为第 i 个地区用水总量控制的满意度。SW_i 为第 i 个地区的用水总量控制。

(2) 基于基本民生保障原则的目标满意度函数 S_2 可构造为

$$S_2 = \begin{cases} 1, & \min(S_{2i}) = 1 \\ \dfrac{\min(S_{2i}) - 0.95}{1 - 0.95}, & 0.95 < \min(S_{2i}) < 1 \\ 0, & \min(S_{2i}) \leqslant 0.95 \end{cases} \tag{3.3}$$

式(3.3)中，S_2 为基于基本民生保障原则的目标满意度函数；$S_{2i} = \begin{cases} 1, & W_i \geqslant (W_{Li} + DW_{Ai}) \\ \dfrac{W_i}{W_{Li} + DW_{Ai}}, & W_i < (W_{Li} + DW_{Ai}) \end{cases}$ 为保障第 i 个地区的基本居民生活用水需求和粮食生产安全用水需求的满意度。其中，DW_{Ai} 为粮食生产安全用水需求，其值小于第一产业用水需求，即 $DW_{Ai} < W_{1i}$。

(3) 基于尊重历史与现状原则的目标满意度函数 S_3 可构造为

$$S_3 = \min(S_{3i}) \tag{3.4}$$

式(3.4)中，S_3 为基于尊重历史与现状原则的目标满意度函数；$S_{3i} = \begin{cases} 1, & \dfrac{W_i}{\sum_{i=1}^{n} W_i} \geqslant S_{3i}^* \\ \dfrac{W_i}{\sum_{i=1}^{n} W_i} \Big/ S_{3i}^*, & \dfrac{W_i}{\sum_{i=1}^{n} W_i} < S_{3i}^* \end{cases}$ 为第 i 个地区水资源配置比例满意度。其中，S_{3i}^* 为第 i 个地区的现状用水比例。

(4) 基于未来需求导向原则的目标满意度函数 S_4 可构造为

$$S_4 = \min(S_{4i}) \tag{3.5}$$

式(3.5)中，S_4 为基于未来需求导向原则的目标满意度函数；$S_{4i} = \begin{cases} W_i/DW_i, & W_i < DW_i \\ 1, & W_i \geqslant DW_i \end{cases}$ 为保障第 i 个地区经济社会用水需求的满意度；DW_i 为第 i 个地区经济社会用水需求。

(5) 基于公平性原则的目标满意度函数 S_5 可构造为

$$S_5 = \min(S_{5i})$$

$$\begin{cases} S_{5i}^* = r_1 \cdot W_{pi} + r_2 \cdot W_{Ai} + r_3 \cdot W_{Gi} \\ W_{pi} = \sum_{i=1}^{n} W_i \cdot P_i / \sum_{j=1}^{n} P_j \\ W_{Ai} = \sum_{i=1}^{n} W_i \cdot A_i / \sum_{j=1}^{n} A_j \\ W_{Gi} = \sum_{i=1}^{n} W_i \cdot C_i / \sum_{j=1}^{n} C_j \\ \sum_{k=1}^{3} r_k = 1 \end{cases} \quad (3.6)$$

式(3.6)中，S_5 为基于公平性原则的目标满意度函数；$S_{5i} = \begin{cases} W_i/S_{5i}^*, & W_i < S_{5i}^* \\ 1, & W_i \geqslant S_{5i}^* \end{cases}$ 为第 i 个地区的水资源配置满意度。其中，S_{5i}^* 为第 i 个地区综合考虑人口、灌溉面积、经济产值等因素的水资源配置量；W_{pi}、W_{Ai}、W_{Gi} 分别为第 i 个地区按照人口比例、灌溉面积比例、经济产值比例的水资源配置量；r_1、r_2、r_3 分别为按人口比例、灌溉面积比例、经济产值比例配置水资源量的相对重要性，可通过专家咨询予以确定。

(6) 基于高效性原则的目标满意度函数 S_6 可构造为

$$S_6 = \frac{\min(S_{6i})}{\max(S_{6i})} \quad (3.7)$$

式(3.7)中，S_6 为基于高效性原则的目标满意度函数；$S_{6i} = \dfrac{W_i \cdot E_i}{GDP_i}$ 为第 i 个地区水资源配置的经济效益满意度；E_i 为第 i 个地区的单方水 GDP；GDP_i 为第 i 个地区经济总产值的规划值。

(7) 基于水环境保护原则的目标满意度函数 S_7 可构造为

$$S_7 = \min(S_{7i}) \quad (3.8)$$

式(3.8)中，S_7 为基于水环境保护原则的目标满意度函数；$S_{7i} = \begin{cases} 1, & W_i \cdot E_i \cdot P_i \leqslant WP_i \\ 0, & W_i \cdot E_i \cdot P_i > WP_i \end{cases}$ 为保障第 i 个地区水污染排放控制的满意度；P_i 为第 i 个地区的万元 GDP 废水排放量；WP_i 为第 i 个地区的废水排放控制量。

(8) 基于可持续利用原则的目标满意度函数 S_8 可构造为

$$S_8 = 1 - \sum_{i=1}^{n} \left| \frac{W_i/DW_i - \sum_{i=1}^{n}W_i / \sum_{i=1}^{n}DW_i}{\sum_{i=1}^{n}W_i / \sum_{i=1}^{n}DW_i} \right|^2 \tag{3.9}$$

式(3.9)中，S_7 为基于可持续利用原则的目标满意度函数；$\sum_{i=1}^{n}W_i / \sum_{i=1}^{n}DW_i$ 为京津冀整体经济社会平均需水满意度。

在确定地区层适配方案设计原则对应的目标函数基础上，建立集成目标函数的多目标耦合优化模型，多目标耦合优化模型可表述为

$$\max S = \sum_{k=1}^{8} \omega_k S_k$$
$$\sum_{k=1}^{8} \omega_k = 1 \tag{3.10}$$

式(3.10)中，S 为地区层适配方案设计的多目标耦合满意度函数；S_k 为第 k 项原则对应的目标满意度函数；ω_k 为赋予目标满意度函数 S_k 的权重，用来反映各地区利益相关者对该原则的偏好。权重 ω_k 可通过各地区之间的交互协商予以综合确定，属于群决策过程。在群决策过程中，一般是先由决策群体中各决策者做出自己的决策判断，然后通过各决策者之间的协同决策，将这些决策结果集结为群体意见。基于群决策思想确定不同配置原则下目标满意度函数 S_k 的权重 ω_k 的具体步骤为：

步骤 1，将各个地区作为一个决策者，由各决策者分别对各目标满意度函数 S_k 进行赋权，第 i 个地区赋予各函数的权重分别为（α_{1i}，α_{2i}，α_{3i}，α_{4i}，α_{5i}，α_{6i}，α_{7i}，α_{8i}）。

步骤 2，通过京津冀地区管理机构及专家咨询，确定各决策者的相对重要程度，即第 i 个地区的相对重要程度可表示为 β_i，则

$$\sum_{i=1}^{n} \beta_i = 1 \tag{3.11}$$

步骤3，结合步骤1与步骤2，根据各决策者赋予各函数的权重 α_{ki}（$k=1,2,\cdots,8$）以及各决策者的相对重要程度 β_i，确定各函数的权重 ω_k，即

$$\omega_k = \sum_{i=1}^{n} \alpha_{ki} \beta_i \tag{3.12}$$

由于各个地区的水资源配置必须在保障各个地区公平用水的基础上，提高各个地区的水资源利用效率和综合经济效益，因此，可取各个地区决策者具有同等的重要性，即 $\beta_i = \dfrac{1}{n}$。

至此，结合式(3.1)～式(3.12)，建立集成目标函数的水资源多目标耦合优化模型。

3.3.3 多目标耦合投影寻踪模型构建

通过建立的多目标耦合优化模型，进行地区层适配方案设计。将多目标耦合优化模型和投影寻踪模型相耦合，构建多目标耦合投影寻踪模型，进行模型求解，实现京津冀水资源在地区层的优化配置。具体步骤为：

步骤1，构建投影上下限目标函数，根据投影原理，确定多目标耦合投影寻踪模型的最佳投影方向，以下限投影目标函数式(3.13)为例进行说明。即

$$\begin{cases} \max Q^-(a'_{lt}) = S_{Z_{it}^-} \cdot D_{Z_{it}^-} \\ \text{s.t.} \begin{cases} -1 \leqslant a'_{lt} \leqslant 1; \\ \sum_{l=1}^{L}(a'_{lt})^2 = 1,\ t = 1,2,\cdots,T. \end{cases} \end{cases} \tag{3.13}$$

式(3.13)中，$S_{Z_{it}^-}$ 表示投影数据总体的离散度；$D_{Z_{it}^-}$ 表示投影数据的局部密度；$a'_t = \{a'_{1t}, a'_{2t}, \cdots, a'_{lt}\}$ 为下限投影方向的一维投影值。

步骤2，基于遗传算法求解上下限投影目标函数，得投影方向的最优解 a_t^* 和 a_t^{**}。对 $(Z_{it}^-)^*$ 进行归一化处理，确定地区层水资源与产业结构双向优化适配方案为 $I_1 = (W_{1tsh}, W_{2tsh}, \cdots, W_{ntsh})$，其中 W_{itsh} 为在节水情景 s、减排情形 h 下第 t 年第 i 个地区的水资源配置量。

3.4 产业层适配方案设计模型

以京津冀为整体进行系统性思考，贯彻落实"以水定产"绿色发展理念，

对京津冀水资源与产业结构双向优化的产业层适配方案进行设计,京津冀地区层与产业层交互的主从递阶协同优化模型构建的具体步骤可表述为:

3.4.1 上层优化目标函数构建与约束条件确定

3.4.1.1 优化目标与决策变量确定

1. 优化目标确定

在不同水平年、不同保证率条件下,京津冀地区水资源供给能力受到经济、产业、技术、自然条件等综合因素的影响制约,随着京津冀地区国民经济和社会发展用水增长,京津冀地区可供给的水资源总量(包括地表水、地下水、本区内河段允许利用的过境水)已无法满足其用水需求。

在严格控制用水总量、水污染排放总量的导向作用下,以京津冀经济社会发展综合效益最大化为上层优化目标。其中,经济目标体现在京津冀的经济生产总值最大化,社会目标体现在京津冀的用水总量最小化,生态环境目标体现在京津冀的入河废水排放总量最小化。

2. 决策变量确定

京津冀水资源与产业结构双向优化适配方案设计时的决策变量包括京津冀各地区三次产业发展的水资源配置量、京津冀各地区产业结构比重。记 W_{ijtsh} 为在节水情景 s 和减排情形 h 下第 i 个地区第 j 个产业的水资源配置量,其中 W_{i1tsh}、W_{i2tsh}、W_{i3tsh} 分别表示第 t 年在节水情景 s 和减排情形 h 下第 i 个地区的第一产业、第二产业、第三产业水资源配置量。记 γ_{ijt} 为第 t 年第 i 个地区第 j 个产业的结构比重,其中 γ_{i1t}、γ_{i2t}、γ_{i3t} 分别表示第 t 年第 i 个地区优化的第一产业、第二产业、第三产业的比重。

3.4.1.2 目标函数构建与约束条件确定

1. 目标函数构建

京津冀地区水资源与产业结构双向优化模型的构建以京津冀的经济生产总值最大化、用水总量最小化和废水排放总量最小化作为综合优化目标。其中,经济生产总值最大化目标反映了京津冀地区水资源配置的综合经济效益;用水总量最小化目标衡量了京津冀地区水资源消耗强度与总量控制、优化了京津冀地区三次产业用水结构;入河排污总量最小化目标体现了京津冀地区的经济产业部门水污染排放总量控制,保护京津冀地区生态环境。为此,从经济、社会、生态三个维度,构建对应的目标函数。其中

①经济发展目标:京津冀的经济生产总值最大化。

$$\max F_1(W) = \sum_{i=1}^{n} f_{1i}(W_{itsh}) = \sum_{i=1}^{m} \sum_{j=1}^{3} \lambda_{ijtsh} a_{ijt} W_{ijtsh} \quad (3.14)$$

式(3.14)中,$F_1(W)$ 表示在节水情景 s 和减排情形 h 下京津冀的经济发展目标,反映京津冀经济生产总值最大化;$f_{1i}(W_{itsh}) = \sum_{j=1}^{3} \lambda_{ijtsh} a_{ijt} W_{ijtsh}$ 可根据第 t 年第 i 个地区三次产业优化的水资源配置量和用水效益予以确定;λ_{ijtsh} 为第 t 年在节水情景 s 和减排情形 h 下政府对第 i 个地区经济发展边际贡献大的第 j 个产业存在的偏好;a_{i1t}、a_{i2t}、a_{i3t} 分别表示第 t 年第 i 个地区的单方水第一产业产值、单方水第二产业产值、单方水第三产业产值。

②社会保障目标:京津冀的用水总量最小化。

$$\min F_2(W) = \sum_{i=1}^{n} f_{2i}(W_{itsh}) = \sum_{i=1}^{n} \sum_{j=1}^{3} W_{ijtsh} \quad (3.15)$$

式(3.15)中,$F_1(W)$ 表示在节水情景 s 和减排情形 h 下京津冀的社会保障目标,反映京津冀的用水总量最小化;$f_{1i}(W_{itsh}) = \sum_{j=1}^{3} W_{ijtsh}$ 可根据在节水情景 s 和减排情形 h 下第 i 个地区产业结构优化的水资源配置量予以确定。

③生态环境保护目标:京津冀的水污染排放总量最小化。

$$\min F_3(W) = \sum_{i=1}^{n} f_{3i}(W_{itsh}) = \sum_{i=1}^{n} \sum_{j=1}^{3} a_{ijt} W_{ijtsh} b_{ijt} \quad (3.16)$$

式(3.16)中,$F_3(W)$ 表示在节水情景 s 和减排情形 h 下京津冀的生态环境保护目标,反映京津冀的入河废水排放总量最小化;$f_{3i}(W_{itsh}) = \sum_{j=1}^{3} a_{ijt} W_{ijtsh} b_{ijt}$ 可根据在节水情景 s 和减排情形 h 下第 t 年第 i 个地区三次产业优化的水资源配置量、用水效益和废水排放绩效予以确定;b_{i1t}、b_{i2t}、b_{i3t} 分别表示第 t 年第 i 个地区第一产业、第二产业、第三产业的废水排放绩效(即万元产业增加值废水排放量)。

2. 约束条件确定

以基于基尼系数的社会公平约束、生态约束、产值规模及速度约束等为约束条件。

①社会公平约束条件。基于代表性指标的水污染排放量基尼系数 G_t 不大于限定的阈值 G_{t_0},即 $G_t \leqslant G_{t_0}$。

②生态约束条件。各地区的水资源配置量 W_{itsh} 之和限定在水资源开发利用总量 $\widetilde{W}_{tsh}$ 之内，即 $\sum_{i=1}^{n} W_{itsh} \leqslant \widetilde{W}_{tsh}$；各地区的水污染排放量 WP_{it} 之和控制在限制纳污总量 $\widetilde{WP}_t$ 之内，即 $\sum_{i=1}^{n} WP_{it} \leqslant \widetilde{WP}_t$；对第 t 年各地区的水污染排放量与其历年平均水污染排放量的差距进行幅度控制，即 $|WP_{it} - \overline{WP}_i|$ $\leqslant \lambda_t \widetilde{WP}_i^*$。其中，$\lambda_t$ 为矫正系数。

③基本约束条件。各地区水资源开发利用控制总量 GW_{itsh} 约束、各地区水污染入河湖限制纳污总量 GWP_{it} 约束和决策变量的非负性约束，即 $W_{itsh} \leqslant GW_{itsh}$，$WP_{it} \leqslant GWP_{it}$；$W_{ijtsh}$，$WP_{it} \geqslant 0$。

3.4.2 下层优化目标函数构建与约束条件确定

3.4.2.1 优化目标与优先序位规则确定

以京津冀各地区产业结构优化为下层优化目标。京津冀水资源与产业结构双向优化遵循优先序位规则，其中，规则一：保障京津冀各地区的基本居民生活用水量、粮食生产安全用水量、生态环境保护用水量；规则二：保障京津冀各地区的经济效益目标；规则三：在保障粮食生产安全的导向作用下，按照第二产业、第三产业以及第一产业的发展目标，合理保障三次产业发展的用水需求（第二产业、第三产业优于第一产业的发展目标）；规则四：按照产业结构优化原则，确定三次产业结构比例。

3.4.2.2 约束条件确定

1. 硬约束条件

京津冀各地区生活、生态和生产的水资源配置量之和应控制在水资源开发利用总量范围内；同时，由于水资源供给量无法满足三次产业发展的用水需求，京津冀各地区三次产业发展的水资源配置量不能超过其最大需水量；京津冀各地区三次产业发展的水污染排放量不能超过其限制纳污总量。

2. 软约束条件

依据各地区的用水优先序位规则和用水效率变化特征，分别从"基本生活用水量不低于相应的目标值"、"粮食总产量不低于相应的目标值"、"生态环境保护用水不低于相应的目标值"、"三次产业生产总值不低于相应的目标值"和"产业结构优化不低于相应的目标值"等方面建立软约束方程。

为此,京津冀各地区的目标函数与约束条件可表示为

$$\min S_{it} = P_1 d_{i1}^- + P_2(3d_{i2}^- + 3d_{i3}^- + 3d_{i4}^-) + P_3(d_{i5}^- + d_{i5}^+) + P_4(d_{i6}^- + d_{i6}^+)$$

$$\begin{cases} \sum_{j=1}^{3} W_{ijtsh} + W_{it}^L + W_{it}^F + W_{it}^E \leqslant GW_{itsh} \\ W_{ijtsh} \leqslant DW_{ijtsh} \\ \sum_{j=1}^{3} a_{ijt} W_{ijtsh} b_{ijt} \leqslant GWP_{it} \\ \sum_{j=1}^{3} a_{ijt} W_{ijtsh} + d_{i1}^- + d_{i1}^+ = Z_{it} \\ a_{2it} W_{i2tsh} + d_{i2}^- + d_{i2}^+ = Z_{i2t} \\ a_{3it} W_{i3tsh} + d_{i3}^- + d_{i3}^+ = Z_{i3t} \\ a_{1it} W_{i1tsh} + d_{i4}^- + d_{i4}^+ = Z_{i1t} \\ \dfrac{a_{i3t} W_{i3tsh}}{a_{i2t} W_{i2tsh}} + d_{i5}^- - d_{i5}^+ = \dfrac{\gamma_{i3t}}{\gamma_{i2t}} \\ \dfrac{a_{i2t} W_{i2tsh}}{a_{i1t} W_{i1tsh}} + d_{i6}^- - d_{i6}^+ = \dfrac{\gamma_{i2t}}{\gamma_{i1t}} \\ \sum_{j=1}^{3} \gamma_{ijt} = 100\% \\ d_{ik}^+, d_{ik}^- \geqslant 0, d_{ik}^+ \times d_{ik}^- = 0 (i=1\sim 3; j=1\sim 3; k=1\sim 5) \end{cases} \quad (3.17)$$

式(3.17)中,$\min S_{it}$ 表示第 t 年第 i 个地区的目标函数,保障第 t 年第 i 个地区三次产业的用水目标达到预期的目标值;P_m 表示第 m 个目标;d_{im}^- 表示第 m 个目标未达到其目标值的负偏差量,d_{im}^+ 表示第 m 个目标超过其目标值的正偏差量;W_{it}^L、W_{it}^F、W_{it}^E 分别为第 t 年第 i 个地区的基本居民生活用水量、粮食生产安全用水量、生态环境保护用水量;GW_{itsh} 表示第 t 年第 i 个地区的水资源开发利用控制;DW_{itsh} 为第 t 年第 i 个地区产业 j 的最大需水量;GWP_{it} 表示第 t 年第 i 个地区的限制纳污控制目标;Z_{it} 表示第 t 年第 i 个地区经济生产总值的规划值;Z_{i1t}、Z_{i2t}、Z_{i3t} 分别表示第 t 年第 i 个地区的第一产业、第二产业、第三产业的经济产值规划值;γ_{i1t}、γ_{i2t}、γ_{i3t} 分别表示第 t 年第 i 个地区优化的第一产业、第二产业、第三产业的产值比重。

3.4.3 主从递阶协同优化模型求解

京津冀水资源与产业结构双向优化属于多目标优化决策问题,本质是在经济、社会、生态效益三者之间寻求平衡,推进产业结构优化升级。其根本性

要求是在水资源稀缺、减少高耗水、重污染产业发展的前提条件下,优先满足生活、生态用水需求,建立水资源利用效率高、水资源消耗少而产出效益高的优势主导产业加速发展的一种京津冀地区产业结构相互协调的关系。因此,京津冀地区水资源与产业结构双向优化既有利于水资源向经济效益高的产业部门流动,保障京津冀地区经济产业综合效益的最大化,又有利于京津冀地区产业结构的高级化和用水结构的合理化,保障京津冀地区水资源的可持续利用。

对于京津冀水资源与产业结构双向优化的主从递阶协同优化模型,可根据式(3.14)～式(3.16),建立上层优化总体目标函数,采用多目标区间遗传优化算法进行求解。即

$$\max F(W) = \{\max F_1(W), \min F_2(W), \min F_3(W)\} \\ = \sum_{k=1}^{3} \lambda_k ST(F_k(W)) \tag{3.18}$$

式(3.18)中,$F(W)$ 为在节水情景 s 和减排情形 h 下京津冀水资源配置的总体目标满意度;$ST(F_k(W))$ 为 $F_k(W)$ 的目标满意度,$F_k(W)(k=1,2,3)$ 为第 k 个目标的满意度;λ_k 为第 k 个目标的权重,可根据经济发展目标、社会保障目标、生态环境保护目标的重要性,通过专家咨询予以确定。

最终,获得产业层适配方案为 $I_2 = (W_{1jtsh}, W_{2jtsh}, \cdots, W_{njtsh}; \gamma_{i1t}, \gamma_{i2t}, \gamma_{i3t})$。

综上,京津冀水资源与产业结构双向优化的双层适配方案设计为

$$I = (W_{1tsh}, W_{2tsh}, \cdots, W_{ntsh}; W_{1jtsh}, W_{2jtsh}, \cdots, W_{njtsh}; \gamma_{i1t}, \gamma_{i2t}, \gamma_{i3t})。$$

第四章
京津冀水资源与产业结构双向优化适配方案诊断

本章明确了京津冀水资源与产业结构双向优化适配方案的诊断思路，构造了适应性诊断准则，构建了基于适应性诊断准则的诊断指标与模型，诊断京津冀地区水资源配置与其经济社会发展目标的适应性。构造了匹配性诊断准则，构建了基于匹配性诊断准则的诊断指标与模型，诊断京津冀水资源配置与地区及其产业的匹配性。构造了协同性诊断准则，构建了基于协同性诊断准则的诊断指标与模型，诊断京津冀地区水资源配置与经济社会发展之间的协调性、京津冀地区之间的协同性。

4.1 适配方案诊断思路

本书根据获得的京津冀地区层和产业层的适配方案，强化最严格水资源管理制度约束，将水资源配置"水量、水效、水质"指标进行耦合，同时纳入经济社会生态综合考量指标，构建一套完善的诊断指标体系，并根据京津冀地区层和产业层水资源消耗利用、水污染排放的效应与效用等因素变化，构造适应性、匹配性以及协同性诊断准则，构建京津冀水资源与产业结构双向优化适配方案的多维诊断方法，从地区层和产业层两个层次，对京津冀水资源与产业结构双向优化适配方案的合理性进行诊断。

4.1.1 适配方案诊断准则构造思路

适配方案诊断准则的构造思路，具体包括三个方面：

第一,构造适应性诊断准则,建立京津冀地区层与产业层交互的水资源配置效应诊断模型,诊断京津冀水资源配置与其经济社会发展目标的适应性,判别导致京津冀水资源配置效应适应度低的"地区对"(京津冀任意两地区)。

第二,构造匹配性诊断准则,建立京津冀产业结构水资源配置效用诊断模型,诊断京津冀地区及产业水资源配置与产业结构的匹配性,判别导致京津冀水资源配置效用匹配程度低的"地区对"(京津冀任意两地区)和地区内的"产业对"(地区内任意两产业)。

第三,构造协同性诊断准则,建立京津冀地区层和产业层交互的水资源配置效度诊断模型,诊断京津冀水资源配置与经济社会生态协调性以及京津冀协同性,判别导致京津冀水资源与经济社会协调度低的地区以及京津冀协同度低的"地区对"。

京津冀水资源与产业结构双向优化的适配方案诊断思路见图4.1。

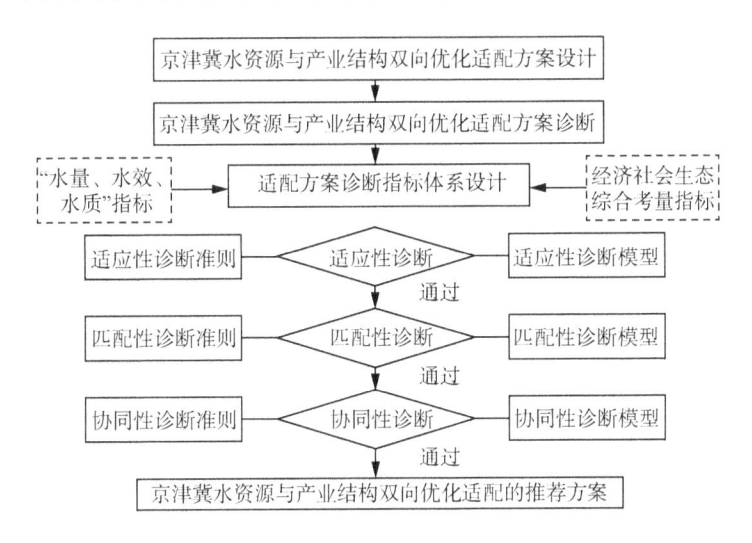

图4.1 京津冀水资源与产业结构双向优化的适配方案诊断思路

4.1.2 适配方案诊断指标体系设计思路

4.1.2.1 指标体系设计原则

适配方案诊断指标体系是由一系列相互联系、相互制约的诊断指标组成的科学的、完整的指标体系,诊断指标体系的设计必须结合京津冀各个地区的用水现状、经济社会发展目标,能够充分体现京津冀各个地区之间水资源配置的公平性与高效性、水资源配置与经济社会发展目标的适应性、产业水资源配置与产业结构的匹配性、水资源配置利用与经济社会发展的协调性、不同地区之间的协同性。

适配方案诊断指标体系设计的基本原则为：

1. 科学性和实用性相统一原则

诊断指标体系是否科学，将直接影响适配方案的诊断质量和能否准确反映京津冀水资源配置与经济社会发展目标的适应性、水资源配置与产业结构的匹配性、水资源与经济社会生态的协调性以及地区之间的协同发展状况。因此，诊断指标的选取应建立在充分认识、系统研究的科学基础上，诊断指标体系的设计应能全面涵盖适配方案诊断的目的，诊断指标体系必须反映各个地区的用水现状与用水结构、用水效率和效益、水污染排放和水质、经济产业或行业的发展质量、生态环境保护等特征。同时，诊断指标的设计应尽可能利用已有统计资料，考虑数据的易得性和可靠性，尽量选择具有代表性的综合指标和重点指标。

2. 系统性与层次性相统一原则

京津冀各个地区的经济社会发展涉及生活、生产、生态环境等多个用水行业，各个地区内第一产业、第二产业、第三产业等不同用水产业之间既相互联系、相互制约，又相互独立、相互促进。因此，诊断指标应能全面体现三次产业之间的发展用水需求，更好兼顾各个地区不同产业之间水资源利用的公平性与高效性。因此，诊断指标的组合应具有一定的层次结构和动态性，形成一个地区与产业结合的完整体系。

3. 全面性和代表性相统一原则

诊断指标体系是由一系列相互独立而又相互联系的指标组成的有机整体，既包含了京津冀各个地区的"水量、水效、水质"等用水状况，又包含了京津冀各个地区的经济社会发展目标，涉及各个地区的生活、生产、生态，以及经济、社会、环境等多方面因素，指标体系作为一个有机整体是多种因素综合作用的结果，应从不同角度反映出京津冀各个地区的主要特征和发展状况，因此，诊断指标的选取应强调代表性、典型性，使指标体系简洁易用。

4. 可比性和灵活性相统一原则

京津冀经济社会发展过程，水资源具有明显的时空属性，不同的自然条件、经济社会发展水平、生态环境建设背景，导致各个地区的发展对水资源的需求具有不同的侧重点和出发点。为便于京津冀各个地区之间经济社会发展水平的横向比较，指标体系的构建应注重时间、空间和范围的可对比性，用于诊断的指标,其含义、统计口径、计算公式应规范化、标准化、国际统一化,指标的选取和计算应采用国内外通行的统计指标口径。同时,指标的选取应具备灵活性。指标体系构建应根据各个地区的具体情况进行相应调整。

5. 动态性与可操作性相统一原则

京津冀水资源配置过程,其指标的发展必须在一个较长的时期内保持其连续性,以能够有效地反映各个地区的经济社会发展目标。诊断指标体系构建应充分考虑各个地区动态变化的特点,根据不同时期、不同空间等环境,采用动态的指标来反映京津冀各个地区的客观情况,诊断各个地区之间的水资源配置关系是否合理。指标体系中的指标内容应简单明了,且考虑指标量化和数据取得的难易程度等问题,指标要有明确的含义,应尽量选择更具代表性的综合指标和主要指标。

4.1.2.2 指标体系设计方法

适配方案诊断指标体系设计方法可表述为:

首先,适配方案诊断指标初选。遵循公平性、高效性、可持续性等适配方案设计原则,强化最严格水资源管理制度约束,综合考虑"水量、水效、水质"控制要求,将水资源配置"水量、水效、水质"指标进行耦合,同时纳入经济社会生态综合考量指标,初步设计表征水资源配置与其经济社会发展目标相适应的适配方案诊断指标体系,即初始适配方案诊断指标体系。

其次,适配方案诊断指标再筛选。对初始适配方案诊断指标进行再筛选。初始适配方案诊断指标的再筛选属于群决策问题,本项研究运用动态权重的群组交互式决策方法,促使京津冀地区层和产业层的利益相关者交互决策,快速达成相对一致的共识,从而获得最终的适配方案诊断指标体系。

4.2 适应性诊断方法构建

通过建立适配方案的适应性诊断指标体系,构造适应性诊断准则,构建京津冀地区层与产业层交互的水资源配置效应诊断模型,从而诊断京津冀水资源配置与其经济社会发展目标的适应性,并进一步判别导致京津冀水资源配置效应适应度低的"地区对"(京津冀任意两地区)。

4.2.1 适应性诊断准则构造

适应性诊断准则构造可概括为:若京津冀水资源配置与其经济社会发展

目标不相适应,则未通过适应性诊断,说明京津冀水资源与产业结构双向优化的适配方案存在不合理性,判别导致京津冀水资源配置效应适应度低的"地区对"(京津冀任意两地区);否则,通过适应性诊断。

适配方案的适应性诊断指标体系的设计见表 4.1。

表 4.1 适配方案的适应性诊断指标体系

诊断维度	诊断指标	指标单位	指标解释	指标属性	诊断标准
水量控制	用水控制总量	亿立方米	反映地区的用水总量控制	约束性	地区水资源配置量不超过该指标
	用水需求总量	亿立方米	反映地区的用水总需求	约束性	地区水资源配置量不超过该指标
	第一产业用水需求总量	亿立方米	反映地区第一产业的用水需求	约束性	地区第一产业水资源配置量不超过该指标
	第二产业用水需求总量	亿立方米	反映地区第二产业的用水需求	约束性	地区第二产业水资源配置量不超过该指标
	第三产业用水需求总量	亿立方米	反映地区第三产业的用水需求	约束性	地区第三产业水资源配置量不超过该指标
水效控制	万元 GDP 需水量	立方米/万元	反映地区经济发展水平的用水需求	约束性	地区水资源配置的万元 GDP 用水量不超过该指标
	人均需水量	立方米/人	反映地区人口规模的用水需求	约束性	地区水资源配置的人均用水量不超过该指标
水质控制	废水排放控制总量	亿吨	反映地区的水污染排放控制	约束性	地区水资源配置的废水排放量不超过该指标
经济社会综合考量	人口数量	万人	反映地区人口增长的用水需求	效益型	该指标越大,地区水资源配置量相对越大
	经济生产总值	亿元	反映地区经济增长的用水需求	效益型	该指标越大,地区水资源配置量相对越大
	现状用水量	亿立方米	反映地区的现状用水需求	效益型	该指标越大,地区水资源配置量相对越大
	多年平均供水量	亿立方米	反映地区的供水能力	效益型	该指标越大,地区水资源配置量相对越大
	区域面积	万平方公里	反映地区所辖面积的用水需求	效益型	该指标越大,地区水资源配置量相对越大
	有效灌溉面积	千公顷	反映地区有效灌溉面积的用水需求	效益型	该指标越大,地区水资源配置量相对越大

根据表 4.1,依据适配方案的适应性诊断指标体系,首先,在最严格水资源管理制度约束下,利用"水量、水效、水质"控制的约束性指标,对京津冀各个地区的水资源配置量进行"水量、水效、水质"控制的适应性诊断。然后,利用经济社会综合考量指标,采用多目标决策模型,对京津冀各个地区之间的水资源配置效应适应度进行诊断。

4.2.2 适应性诊断模型构建

4.2.2.1 "水量、水效与水质"控制的约束性诊断模型

1. "水量"控制约束性诊断

京津冀各个地区的水资源配置量不应超过其用水总量控制,同时,京津冀各个地区的水资源配置量不应超过其用水需求量,且京津冀各个地区三次产业的水资源配置量不应超过其用水需求量。即

$$\begin{cases} W_{itsh} \leqslant \min\{SW_{it}, DW_{it}\} \\ W_{ijtsh} \leqslant DW_{ijt} \end{cases} \qquad (4.1)$$

式(4.1)中,W_{itsh} 为规划期第 i 个地区的水资源配置量;SW_{it} 为规划期第 i 个地区用水控制总量目标;DW_{it} 为规划期第 i 个地区的用水需求量;W_{ijtsh} 为规划期第 i 个地区第 j 个产业的水资源配置量;DW_{ijt} 为规划期第 i 个地区第 j 个产业的用水需求量。

2. "水效"控制约束性诊断

京津冀各个地区水资源配置的万元 GDP 用水量不应超过规划期的万元 GDP 需水量,同时,京津冀各个地区水资源配置的人均用水量不应超过规划期的人均需水量。即

$$\begin{cases} \dfrac{W_{itsh}}{GDP_i} \leqslant E_{i1} \\ \dfrac{W_{itsh}}{P_i} \leqslant E_{i2} \end{cases} \qquad (4.2)$$

式(4.2)中,GDP_i 为第 i 个地区的 GDP 总量;E_{i1} 为规划期第 i 个地区的单位 GDP 用水量控制目标;P_i 为第 i 个地区的人口总量;E_{i2} 为规划期第 i 个地区的单位人口用水量控制目标。

3. "水质"控制约束性诊断

京津冀各个地区的水资源配置量利用形成的废水排放量不应超过其废水排放控制总量。即

$$a_{ijt} W_{ijtsh} b_{ijt} \leqslant \widetilde{W}P_{it} \qquad (4.3)$$

式(4.3)中,W_{ijtsh} 为第 i 个地区第 j 个产业的水资源配置量;a_{i1t}、a_{i2t}、a_{i3t} 分别表示第 t 年第 i 个地区第一产业、第二产业、第三产业的用水效益(即单方水

GDP);b_{i1t}、b_{i2t}、b_{i3t} 分别表示第 t 年第 i 个地区第一产业、第二产业、第三产业的废水排放绩效(即万元产业增加值废水排放量);$\widetilde{WP}_{it}$ 为第 i 个地区的废水排放总量控制目标。

4.2.2.2 水资源配置效应适应度诊断模型

水资源配置效应适应度诊断模型构建可概括为:综合考虑京津冀不同地区水资源配置效应适应度诊断指标的发展动态变化情况,采用动态投影寻踪技术、理想解法等决策模型与方法,构建京津冀地区层与产业层交互的水资源配置效应诊断模型。

根据表4.1,结合京津冀各个地区的经济社会综合考量指标,诊断"地区对"水资源配置量与其水资源配置效应的适应度。

1. 诊断指标数据的规范化处理

指标数据涉及两个部分:指标属性值和指标的动态发展情况。针对水资源配置的地区 i,时间样本点 t;记诊断指标为 D_j,地区 i 对应于时间样本点 t 和诊断指标 D_j 的指标属性值为 a_{ijt},$i=1,2,\cdots,n$,$j=1,2,\cdots,m$,$t=1,2,\cdots,T$。其中 n、m、T 分别为诊断地区、诊断指标数量和时间样本点。则对应时间样本点 t 的分析矩阵为:$\boldsymbol{A}_t=(a_{ijt})_{n\times m}$,对应于时间样本点 t 的诊断指标增长系数矩阵记为:$\boldsymbol{A}'_t=(a'_{ijt})_{n\times m}$,$i=1,2,\cdots,n$,$j=1,2,\cdots,m$。对 $\boldsymbol{A}_t$ 和 $\boldsymbol{A}'_t$ 分别进行规范化处理,可以获得 $\boldsymbol{A}_t$ 的得分矩阵:$\boldsymbol{B}_t=(b_{ijt})_{n\times m}$,$\boldsymbol{A}'_t$ 的得分矩阵:$\boldsymbol{C}_t=(c_{ijt})_{n\times m}$。

①计算不同地区的一维投影值。计算综合分析系数矩阵:$\boldsymbol{E}_t=(e_{ijt})_{n\times m}$,这里 $e_{ijt}=\alpha b_{ijt}+\beta c_{ijt}$,$\alpha$ 和 β 表示相对重要程度,满足:$0\leqslant\alpha,\beta\leqslant 1,\alpha+\beta=1$。将矩阵 $\boldsymbol{E}_t$ 进行转化,则可以得到京津冀各地区的水资源配置系数矩阵:$\boldsymbol{E}_i=(e_{ijt})_{T\times m}$,并得到京津冀各地区正负理想矩阵 $\boldsymbol{E}^+$ 和 $\boldsymbol{E}^-$。将 $\boldsymbol{E}_i$ 综合成以 $\boldsymbol{\theta}=(\omega_1,\cdots,\omega_m;\lambda_1,\cdots,\lambda_T)$ 为投影方向的一维投影值 $d(i)$,ω_j 为第 j 个指标的权重,λ_t 为第 t 个时段的权重。$d(i)$ 为进行水资源配置的地区 i 距离正负理想方案的相对接近度,反映了不同地区按照指标属性值和动态发展情况进行综合考量的一个得分。

②运用投影寻踪变换获得最佳投影方向 $\boldsymbol{\theta}^*$。将 $\boldsymbol{\theta}^*$ 代入 $d(i)$ 表达式,可得到地区 i 体现经济社会发展目标的水资源配置效应的最佳投影值 $d^*(i)$。诊断"地区对"水资源配置量 (W_{itsh},W_{itsh}) 与其水资源配置效应 $(d^*(i),d^*(i'))$ 的适应度 Z_t。即

$$Z_t = \frac{W_{itsh}}{W_{itsh}} \Big/ \frac{d^*(i)}{d^*(i')} \quad (4.4)$$

2. 诊断阈值的设定和判别

结合京津冀地区的经济社会发展特点,首先,采用专家咨询法、头脑风暴法等咨询方法,合理确定适配方案中适应性诊断的诊断阈值$[Z_{\min}, Z_{\max}]$。其中,$Z_{\min}$表示诊断阈值的下限系数,$Z_{\max}$表示诊断阈值的上限系数。然后,对适配方案进行适应性诊断,诊断是否满足$Z_t \in [Z_{\min}, Z_{\max}]$,判别导致京津冀水资源与产业结构双向优化适配方案不合理的地区。

4.3 匹配性诊断方法构建

通过建立适配方案的匹配性诊断指标体系,构造匹配性诊断准则,构建基于复合匹配系数的产业结构水资源配置效用诊断模型,计算京津冀各地区及地区内各产业用水排污结构的偏差,从而诊断地区及地区内产业水资源配置与产业结构的匹配性,并进一步判别导致京津冀水资源配置效用匹配程度低的"地区对"(京津冀任意两地区)和地区内的"产业对"(地区内任意两产业)。

4.3.1 匹配性诊断准则构造

匹配性诊断准则构造可概括为:若京津冀各地区及地区内产业水资源配置与产业结构不匹配,则未通过匹配性诊断,说明京津冀水资源与产业结构双向优化的适配方案存在不合理性,判别导致京津冀水资源配置效用匹配程度低的"地区对"(京津冀任意两地区)和地区内的"产业对"(地区内任意两产业);否则,通过匹配性诊断。

适配方案的匹配性诊断指标体系的设计见表4.2。

根据表4.2,依据适配方案的匹配性诊断指标,首先,采用基尼系数法,计算京津冀"人口分布-水资源"基尼系数和"经济产值-水资源"基尼系数,诊断京津冀水资源配置与人口分布、经济产值的空间匹配程度。同时,采用基尼系数法,计算京津冀"第二产业产值-水环境"基尼系数和"第三产业产值-水环境"基尼系数,诊断京津冀各个地区第二产业、第三产业水资源配置形成的水污染排放与第二产业产值、第三产业产值的空间匹配程度。

表4.2 适配方案的匹配性诊断指标体系

诊断维度		诊断指标	指标单位	指标解释	指标属性	诊断标准
空间匹配	地区用水空间匹配	"人口分布-水资源"基尼系数	—	反映地区水资源配置与人口分布的匹配程度	约束性	地区"人口分布-水资源"基尼系数不超过上限0.4
		"经济产值-水资源"基尼系数	—	反映地区水资源配置与经济发展的匹配程度	约束性	地区"经济产值-水资源"基尼系数不超过上限0.4
	产业用水空间匹配	"第二产业产值-水资源"基尼系数	—	反映地区第二产业水资源配置与第二产业发展的匹配程度	约束性	地区"第二产业产值-水资源"基尼系数不超过上限0.4
		"第三产业产值-水资源"基尼系数	—	反映地区第三产业水资源配置与第三产业发展的匹配程度	约束性	地区"第三产业产值-水资源"基尼系数不超过上限0.4
产业用水结构与产业结构协调匹配	产业用水结构合理化	第一产业用水结构占比	%	反映地区第一产业的用水比例	约束性	地区第一产业用水结构占比下降
		第二产业与第三产业的用水结构比	%	反映地区第二产业与第三产业的用水比例的比值	约束性	地区第二产业与第三产业的用水结构比下降
	产业结构高级化	第三产业结构占比	%	反映地区第三产业的产值比重	预期性	地区第三产业结构占比上升
		第二产业与第三产业的产值结构比	%	反映地区第二产业与第三产业的产值比值	预期性	地区第二产业与第三产业的产值结构比下降
	产业用水结构与产业结构协调	产业用水结构粗放度	—	反映地区用水结构偏向用水效率较低产业的程度	约束性	地区产业用水结构粗放度下降
		产业结构偏水度	—	反映地区产业结构偏向单位产出耗水量多的产业的程度	约束性	地区产业结构偏水度下降
		产业用水结构与产业结构协调程度	—	反映地区产业用水结构与产业结构协调程度	效益型	地区产业用水结构与产业结构协调程度越大越好
	产业用水排污结构与产业结构匹配	产业用水排污结构与产业结构匹配程度	—	反映各个地区不同产业之间的产业用水排污结构与产业结构匹配程度	效益型	地区产业用水排污结构与产业结构匹配程度越大越好

其次,采用结构分析法,计算京津冀各个地区的三次产业用水结构占比和三次产业结构占比,诊断京津冀各个地区的产业用水结构合理化程度和产业结构高级化程度。并采用协调度评价法和复合匹配系数法,计算产业用水结构粗放度和产业结构偏水度,诊断产业用水结构与产业结构的协调程度。同时,计

算京津冀"地区对"(即两两地区之间)用水结构、排污结构与产业结构的匹配系数,诊断京津冀"地区对"用水结构、排污结构与产业结构的匹配程度。

综上,对京津冀地区产业水资源配置效用匹配度进行诊断。

4.3.2 匹配性诊断模型构建

4.3.2.1 地区水资源配置效用匹配度诊断模型

洛伦茨曲线最初用于分析国民收入分配问题,学者们将其引入地区水资源配置与经济社会发展匹配等领域的研究。洛伦茨曲线与45°绝对均匀线的距离能够反映两个变量的匹配程度,其横纵坐标分别为两种变量 a 和 b 的累积比例,见图4.2。

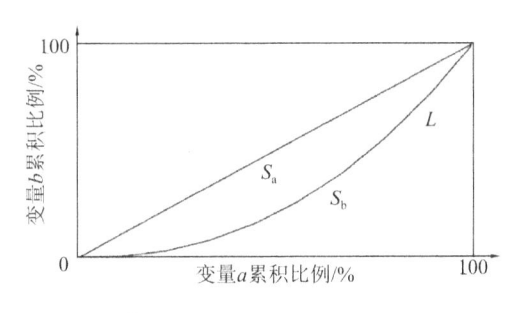

图 4.2 洛伦茨曲线

基尼系数由阿尔伯特·赫希曼基于图4.2中的洛伦茨曲线提出,可用于诊断资源配置的公平合理性。为此,选择京津冀各个地区的人口、GDP作为具有代表性的控制指标,采用基尼系数法,计算京津冀各个地区的"水资源-人口"基尼系数和"水资源-产值"基尼系数,即确定各指标的水资源基尼系数与综合基尼系数,使各指标的水资源基尼系数界定在合理范围内,使水资源综合基尼系数最小化,可用公式表示为:

$$G_{lt} = 1 - \sum_{i=1}^{n}(L_{ilt} - L_{(i-1)lt})(H_{ilt} + H_{(i-1)lt}) \leqslant \gamma_l$$

$$\begin{cases} L_{ilt} = L_{(i-1)lt} + F_{ilt} / \sum_{i=1}^{n} F_{ilt} \\ H_{it} = H_{(i-1)t} + W_{itsh} / \sum_{i=1}^{n} W_{itsh} \\ l = 1,2 \end{cases} \quad (4.5)$$

式(4.5)中，G_{lt}为规划期基于第l指标（$l=1$、$l=2$分别代表人口分布、经济产值）的水资源基尼系数；γ_l为基于第l指标的水资源基尼系数阈值，国际上界定的基尼系数的合理范围为$0\sim0.4$，为此，取0.4为阈值；L_{ilt}为规划期基于第l指标的累积百分比；F_{ilt}为规划期第i地区第l指标的值；H_{it}为规划期水资源配额累积百分比，当$i=1$时，$L_{(i-1)lt}$，$H_{(i-1)lt}$视为$(0,0)$。

式(4.5)中，根据相关参考标准，各指标基尼系数G_{lt}以0.2、0.3、0.4、0.5等几个节点为分界点，划分标准为：当$G_{lt}\leqslant 0.2$时，说明水资源与经济社会发展要素的匹配度很高，属于"高度匹配"；当$0.2<G_{lt}\leqslant 0.3$时，说明水资源与经济社会发展要素的匹配度较高，属于"相对匹配"；当$0.3<G_{lt}\leqslant 0.4$时，说明水资源与经济社会发展要素的匹配度适中，属于"较匹配"；当$0.4<G_{lt}\leqslant 0.5$时，说明水资源与经济社会发展要素的匹配度较低，属于"不匹配"；而当$G_{lt}>0.5$时，说明水资源与经济社会发展要素的匹配度很低，属于"极不匹配"。其中，参考国际惯例，0.4为警戒线。基于基尼系数的匹配性评价标准见表4.3。

表4.3 基尼系数的匹配性评价标准

基尼系数	(0,0.2]	(0.2,0.3]	(0.3,0.4]	(0.4,0.5]	(0.5,1]
匹配性评价	高度匹配	相对匹配	较匹配	不匹配	极不匹配

依据表4.3，诊断京津冀水资源配置与人口分布、经济产值的空间匹配程度。同理，选择京津冀各个地区第二产业产值、第三产业产值分别作为具有代表性的控制指标，采用基尼系数法，计算京津冀"第二产业产值-水资源"基尼系数和"第三产业产值-水资源"基尼系数，诊断京津冀第二产业、第三产业水资源配置与第二产业产值、第三产业产值的空间匹配程度。

4.3.2.2 产业水资源配置效用匹配度诊断模型

从地区和地区内产业水资源配置效用来看，最合理的产出结构应满足帕累托最优条件。基于此，采用结构分析法，计算京津冀各个地区的三次产业用水结构占比和三次产业结构占比，构建京津冀各个地区不同产业之间用水结构与产业结构的匹配系数。

1. 产业用水结构与产业结构双向优化程度

采用结构分析法，计算京津冀各个地区的三次产业用水结构占比和三次产业结构占比，诊断京津冀各个地区的产业用水结构合理化程度和产业结构高级化程度。即

$$\begin{cases} \dfrac{\delta_{i1t}}{\delta_{i1t_0}} \leqslant 1, \dfrac{\delta_{i2t}}{\delta_{i3t}} \leqslant 1 \\ \dfrac{\lambda_{i3t}}{\lambda_{i3t_0}} \geqslant 1, \dfrac{\lambda_{i2t}}{\lambda_{i3t}} \leqslant 1 \\ \delta_{ijt} = \dfrac{W_{ijtsh}}{W_{itsh}} \\ \lambda_{ijt} = \dfrac{a_{ijt} \cdot W_{ijtsh}}{\sum\limits_{j=1}^{3} a_{ijt} \cdot W_{ijtsh}} \end{cases} \quad (4.6)$$

式(4.6)中，$\dfrac{\delta_{i1t}}{\delta_{i1t_0}} \leqslant 1, \dfrac{\delta_{i2t}}{\delta_{i3t}} \leqslant 1$ 表示规划期京津冀第 i 个地区第一产业用水结构占比下降，且第二产业与第三产业用水比重的比值下降；$\dfrac{\lambda_{i3t}}{\lambda_{i3t_0}} \geqslant 1, \dfrac{\lambda_{i2t}}{\lambda_{i3t}} \leqslant 1$ 表示规划期京津冀第 i 个地区第三产业结构占比上升，且第二产业与第三产业经济产值比重的比值下降。其中，δ_{ijt} 为规划期京津冀第 i 个地区第 j 个产业的用水结构占比；λ_{ijt} 为规划期京津冀第 i 个地区第 j 个产业的结构占比；δ_{ijt_0} 为现状水平年京津冀第 i 个地区第 j 个产业的用水结构占比；λ_{ijt_0} 为现状水平年京津冀第 i 个地区第 j 个产业的结构占比。

2. 产业用水结构与产业结构协调程度

采用协调度评价法，在计算京津冀各个地区的产业用水结构粗放度与产业结构偏水度基础上，综合评价京津冀各个地区的产业用水结构与产业结构协调程度。即

$$\begin{cases} H_{it} = 1 - \sqrt{P_{it} \cdot C_{it}} \geqslant \gamma^* \\ P_{it} = \dfrac{J \cdot GDP_{it} - \sum\limits_{j=1}^{J} GDP_{ijt} \cdot j}{(J-1) \cdot GDP_{it}} \\ C_{it} = \dfrac{J \cdot W_{itsh} - \sum\limits_{j=1}^{J} W_{ijtsh} \cdot j}{(J-1) \cdot W_{itsh}} \\ i, i' = 1, 2, \cdots, n; i \neq i'; j = 1, 2, 3; J = 3 \end{cases} \quad (4.7)$$

式(4.7)中，H_{it} 为规划期第 i 个地区的产业用水结构与产业结构协调程度，H_{it} 越大，则第 i 个地区的产业用水结构与产业结构越协调；γ^* 代表 H_{it} 的诊断阈值；P_{it} 为规划期第 i 个地区的产业结构偏水度，j 为第 i 个地区第 j 个产业的位置值，若第 i 个地区第 j 个产业用水效率最低，则位置值为 1，依此类

推;GDP_{ijt} 为规划期第 i 个地区第 j 个产业的产业增加值;J 为产业总数;GDP_{it} 为第 i 个地区生产总值;C_{it} 为规划期第 i 个地区的产业用水结构粗放度;W_{ijtsh} 为规划期第 i 个地区第 j 个产业的水资源配置利用量;W_{itsh} 为规划期第 i 个地区的水资源配置利用总量。

京津冀地区产业用水结构与产业结构协调性评价标准见表 4.4。

表 4.4 京津冀地区产业用水结构与产业结构协调性的评价标准

H 值	(0,0.25]	(0.25,0.5]	(0.5,0.75]	(0.75,0.1]
协调性评价	不协调	较不协调	较协调	协调

3. 产业用水排污结构与产业结构匹配程度

构建京津冀各个地区不同产业之间的用水结构、排污结构与产业结构的匹配系数,诊断京津冀各个地区不同产业之间的用水结构、排污结构与产业结构的匹配程度。即

$$\begin{cases} \xi_{ii'jt} = \gamma_{(W_{ijt},W_{i'jt})}/\gamma_{(G_{ijt},G_{i'jt})} \geqslant \alpha^* \\ \xi'_{ii'jt} = \gamma_{(P_{ijt},P_{i'jt})}/\gamma_{(G_{ijt},G_{i'jt})} \geqslant \beta^* \\ \gamma_{(W_{ijt},W_{i'jt})} = \dfrac{W_{ijtsh}}{W_{itsh}} \Big/ \dfrac{W_{i'jtsh}}{W_{i'tsh}} \\ \gamma_{(G_{ijt},G_{i'jt})} = \dfrac{a_{ijt} \cdot W_{ijtsh}}{\sum\limits_{j=1}^{3}(a_{ijt} \cdot W_{ijtsh})} \Big/ \dfrac{a_{i'jt} \cdot W_{i'jtsh}}{\sum\limits_{j=1}^{3}(a_{i'jt} \cdot W_{i'jtsh})} \\ \gamma_{(P_{ijt},P_{i'jt})} = \dfrac{a_{ijt} \cdot W_{ijtsh} \cdot b_{ijt}}{\sum\limits_{j=1}^{3}(a_{ijt} \cdot W_{ijtsh} \cdot b_{ijt})} \Big/ \dfrac{a_{i'jt} \cdot W_{i'jtsh}}{\sum\limits_{j=1}^{3}(a_{i'jt} \cdot W_{i'jtsh})} \\ i,i' = 1,2,\cdots,n; j = 2,3; i \neq i' \end{cases} \quad (4.8)$$

式(4.8)中,$\xi_{ii'jt}$、$\xi'_{ii'jt}$ 为规划期京津冀"地区对"$(d_i,d_{i'})$(即第 i 个地区与第 i' 个地区)同一产业之间用水结构与产业结构的匹配系数、排污结构与产业结构的匹配系数;α^*、β^* 分别代表 $\xi_{ii'jt}$、$\xi'_{ii'jt}$ 的诊断阈值;$\gamma_{(W_{ijt},W_{i'jt})}$ 为京津冀"地区对"$(d_i,d_{i'})$ 第 j 个产业水资源配置量比重的比值;$\gamma_{(G_{ijt},G_{i'jt})}$ 为京津冀"地区对"$(d_i,d_{i'})$ 第 j 个产业经济产值比重的比值;$\gamma_{(P_{ijt},P_{i'jt})}$ 为京津冀"地区对"$(d_i,d_{i'})$ 第 j 个产业废水排放量比重的比值;系数 $\xi_{ii'jt}$、$\xi'_{ii'jt}$ 越接近于 1,表明京津冀"地区对"同一产业之间的用水结构与产业结构越匹配、排污结构与产业结构越匹配。

4. 诊断阈值的设定和判别

采用专家咨询法、头脑风暴法等咨询方法,合理确定适配方案中匹配性诊断的诊断阈值 α^*、β^*、γ^*,然后对适配方案进行匹配性诊断,判别导致京津冀水资源与产业结构双向优化适配方案不合理的地区及产业。

4.4 协同性诊断方法构建

通过建立适配方案的协同性诊断指标体系,构造协同性诊断准则,建立京津冀地区层和产业层交互的水资源配置效度诊断模型,诊断京津冀水资源配置与经济社会协调性以及京津冀协同性,判别导致京津冀水资源与经济社会协调度低的地区以及京津冀协同度低的"地区对"。

4.4.1 协同性诊断准则构造

协同性诊断准则构造可概括为:若京津冀各地区水资源与经济社会不协调或者京津冀不协同,则未通过协同性诊断,说明京津冀水资源与产业结构双向优化的适配方案存在不合理性,判别导致京津冀水资源与经济社会协调度低的地区以及京津冀协同度低的"地区对";否则,通过协同性诊断。

适配方案的协同性诊断指标体系的设计见表 4.5。

根据表 4.5,依据适配方案的协同性诊断指标,采用灰关联分析法、投影寻踪模型与协调度评价法等决策模型与方法,首先,计算不同时期京津冀各个地区的水资源配置与经济社会发展的协调性,诊断规划期京津冀各个地区水资源配置与经济社会发展的协调程度;其次,采用协调度评价法,计算规划期京津冀各个地区之间的协同性,诊断规划期京津冀各个地区之间的协同发展效度,从而对规划期京津冀地区水资源配置效度进行诊断。

4.4.2 协同性诊断模型构建

协同性诊断模型构建可概括为:综合考虑诊断指标的发展动态变化情况,采用灰关联分析法、投影寻踪模型与协调度评价法等决策模型与方法,构建京津冀地区层与产业层交互的水资源配置效度诊断模型。诊断规划期京津冀第 i 个地区水资源与经济社会的协调度 C_{it} 以及京津冀"地区对"$(d_i,d_{i'})$ 的协同度 $D_{ii't}$。

表 4.5 适配方案的协同性诊断指标体系

诊断维度	诊断指标	指标单位	指标解释	指标属性
水资源配置合理性	第一产业用水比例	%	反映地区第一产业用水比例	成本型
	第三产业用水比例	%	反映地区第三产业用水比例	效益型
	生活用水比例	%	反映地区生活用水比例	效益型
	生态环境用水比例	%	反映地区生态环境用水比例	效益型
	第二产业与第三产业用水结构比	—	反映地区第二产业与第三产业用水相对比重	成本型
经济社会高质量发展合理性	人均 GDP	元/人	反映地区单位人口的 GDP	效益型
	第一产业产值占 GDP 比重	%	反映地区第一产业的产值比重	成本型
	第三产业产值占 GDP 比重	%	反映地区第二产业的产值比重	效益型
	第二产业与第三产业的产业结构比	—	反映地区第二产业与第三产业的产值比重	成本型
	万元 GDP 用水量	立方米/万元	反映地区经济发展用水绩效	成本型
	万元第二产业增加值用水量	立方米/万元	反映地区第二产业用水效率	成本型
	万元第三产业增加值用水量	立方米/万元	反映地区第三产业用水效率	成本型
	万元第二产业增加值废水排放量	吨/万元	反映地区第二产业排污绩效	成本型
	人均用水量	立方米/人	反映地区单位人口的用水量	效益型
	单位灌溉面积用水量	立方米/亩	反映地区农业灌溉用水效率	成本型
	人均居民生活用水量	立方米/人	反映地区居民生活用水效率	效益型

4.4.2.1 地区水资源与经济社会协调度诊断模型

地区水资源与经济社会协调度诊断主要通过剖析不同时期京津冀各个地区的水资源配置利用与经济社会发展之间的相互关系,综合诊断规划期京津冀各个地区的水资源与经济社会发展之间的协调程度,属于多目标综合评价问题。鉴于此,在构建适配方案的协同性诊断指标体系的基础上,基于灰关联分析法、投影寻踪模型与协调度评价法,建立灰关联投影寻踪综合评价模型,综合评价不同时期京津冀各个地区的水资源与经济社会发展之间的协调程度,体现不同时期京津冀各个地区的水资源与经济社会的协调发展态势。

水资源配置与经济社会发展协调度模型构建的具体步骤为:

步骤 1,依据表 4.5,确定地区水资源与经济社会协调的序参量指标集。设地区 d_i(即京津冀第 i 个地区,$i=1\sim n$)的第 t 个时期的序参量指标为 $C_{it}=\{c_{it1},c_{it2},\cdots,c_{itm}\}$,则地区 d_i 各个时期的序参量指标组成的指标集为 $\boldsymbol{C}_t=$

$\{C_{t1}, C_{t2}, \cdots, C_{tm}\} = \{c_{itj}\}_{T \times m}$。

步骤2,利用向量归一化方法,通过不同时期地区 d_i 指标的纵向对比,对序参量指标集 $C_t = \{c_{itj}\}_{T \times m}$ 进行标准化处理,构造加权的标准化矩阵 $Y = \{y_{itj}\}_{T \times m}$,其中,

$$y_{itj} = \begin{cases} w_j \cdot \dfrac{c_{itj}}{\max\limits_{t=1}^{T}(c_{itj})} & \text{效益型指标} \\ w_j \cdot \dfrac{\min\limits_{t=1}^{T}(c_{itj})}{c_{itj}} & \text{成本型指标} \end{cases} \quad (4.9)$$

式(4.9)中,y_{itj} 表示地区 d_i 第 t 个时期第 j 个序参量指标经归一化处理后的加权指标值。

步骤3,计算地区 d_i 第 t 个时期的序参量指标与指标理想集的灰关联系数。

基于灰关联分析法,确定地区 d_i 第 t 个时期的序参量指标与指标理想集的灰关联系数。其中,地区 d_i 第 t 个时期的序参量指标与指标理想集关于第 j 个指标的灰关联系数为

$$r_{itj} = \frac{\min\limits_{t}\min\limits_{j}|y_{itj} - \max\limits_{t=1}^{T}\{y_{itj}\}| + \rho \max\limits_{t}\max\limits_{j}|y_{itj} - \max\limits_{t=1}^{T}\{y_{itj}\}|}{|y_{itj} - \max\limits_{t=1}^{T}\{y_{itj}\}| + \rho \max\limits_{t}\max\limits_{j}|y_{itj} - \max\limits_{t=1}^{T}\{y_{itj}\}|}$$

(4.10)

式(4.10)中,$\max\{y_{itj}\}$ 表示地区 d_i 第 j 个序参量指标的指标理想值;ρ 为分辨系数,通常取 0.5,但实际 ρ 取值的大小对 r_{itj} 影响较大,ρ 取值采用以下原则:设 $\Delta = \dfrac{\sum\limits_{t=1}^{T}\sum\limits_{j=1}^{m}|y_{itj} - \max\limits_{t=1}^{T}\{y_{itj}\}|}{T \times m}$,$\Delta$ 为所有差值绝对值的均值,记 $\varepsilon_\Delta = \Delta / \max\limits_{t}\max\limits_{j}|y_{itj} - \max\limits_{t=1}^{T}\{y_{itj}\}|$,则 ρ 取值为:① 当 $\max\limits_{t}\max\limits_{j}|y_{itj} - \max\limits_{t=1}^{T}\{y_{itj}\}| > 3\Delta$ 时,$\varepsilon_\Delta \leqslant \rho \leqslant 1.5\varepsilon_\Delta$;② 当 $\max\limits_{t}\max\limits_{j}|y_{itj} - \max\limits_{t=1}^{T}\{y_{itj}\}| \leqslant 3\Delta$ 时,$\varepsilon_\Delta \leqslant \rho \leqslant 2\varepsilon_\Delta$。

根据式(4.10),地区 d_i 的序参量指标与指标理想集的灰关联系数矩阵为

$$\boldsymbol{R}=(r_{itj})_{T\times m}=\begin{bmatrix} r_{i11} & r_{i12} & \cdots & r_{i1m} \\ r_{i21} & r_{i22} & \cdots & r_{i2m} \\ \vdots & \vdots & & \vdots \\ r_{iT1} & r_{iT2} & \cdots & r_{iTm} \end{bmatrix} \qquad (4.11)$$

步骤4,根据式(4.11),计算地区 d_i 的序参量指标与指标理想集的灰关联度。

以 $\boldsymbol{\theta}=(w_1,\cdots,w_m)$ 为投影方向,确定地区 d_i 第 t 个时期的一维投影值 R_{it},即地区 d_i 第 t 个时期的序参量指标与指标理想集的灰关联度为

$$R_{it}=\frac{1}{m}\sum_{j=1}^{m}r_{itj}=\frac{1}{m}\sum_{j=1}^{m}\frac{\min\limits_{t}\min\limits_{j}|y_{itj}-\max\limits_{t=1}^{T}\{y_{itj}\}|+\rho\max\limits_{t}\max\limits_{j}|y_{itj}-\max\limits_{t=1}^{T}\{y_{itj}\}|}{|y_{itj}-\max\limits_{t=1}^{T}\{y_{itj}\}|+\rho\max\limits_{t}\max\limits_{j}|y_{itj}-\max\limits_{t=1}^{T}\{y_{itj}\}|}$$
(4.12)

步骤5,构造投影指标函数,确保将投影时的投影值尽可能散开,求解最佳投影值 R_{it} 以及最佳投影方向 $\boldsymbol{\theta}=(w_1,\cdots,w_m)$。

$$\max f_i(\boldsymbol{\theta})=\Big[\sum_{t=1}^{T}(R_{it}-\overline{R_{it}})^2/(T-1)\Big]^{\frac{1}{2}}$$
$$\text{s.t.} \sum_{j=1}^{m}w_j=1 \qquad (4.13)$$

式(4.13)中, $\overline{R_{it}}$ 为 R_{it} ($t=1\sim T$)的均值。求解最佳投影值 R_{it} 时,先采用随机搜索算法确定初始点,再利用乘子法即可求得最佳投影方向 $\boldsymbol{\theta}=(w_1,\cdots,w_m)$。将 $\boldsymbol{\theta}$ 代入式(4.13),可得到地区 d_i 第 t 个时期的最佳投影值 R_{it}。

步骤6,基于协调度评价法,确定地区 d_i 水资源配置与经济社会发展的协调度,即

$$C_{it}=\frac{R_{it1}\cdot R_{it2}}{\left[\dfrac{R_{it1}+R_{it2}}{2}\right]^2}\geqslant C^* \qquad (4.14)$$

式(4.14)中, C_{it} 表示地区 d_i 第 t 个时期的水资源配置与经济社会发展的协调度。其中, R_{it1}、R_{it2} 分别为地区 d_i 第 t 个时期的水资源配置、经济社会发展的指数; C^* 为地区水资源配置与经济社会发展协调度诊断的诊断阈值。

4.4.2.2 地区协同度诊断模型

地区协同度诊断主要是综合评价规划期京津冀"地区对"(即两两地区之

间)的协同有序发展效度,属于多目标综合评价问题。基于灰关联分析法、投影寻踪模型与协调度评价法,建立灰关联投影寻踪综合评价模型,诊断规划期地区协同度,体现京津冀各个地区之间的协同有序发展态势。

地区协同度模型构建的具体步骤为:

步骤1,依据表4.5中的适配方案协同性诊断指标,基于灰关联分析法、投影寻踪模型,根据式(4.8)～式(4.13),得到地区d_i第t个时期的最佳投影值R_{it}。

步骤2,基于协调度评价法,确定规划期京津冀"地区对"$(d_i,d_{i'})$的协同度$D_{ii't}$,即

$$\begin{cases} D_{ii't} = \sqrt{C_{ii't} \cdot T_{ii't}} \geqslant D^* \\ C_{ii't} = \left\{\dfrac{R_{it} \cdot R_{i't}}{\left[\dfrac{R_{it}+R_{i't}}{2}\right]^2}\right\}^t \\ T_{ii't} = w_i \cdot R_{it} + w_{i'} \cdot R_{i't} \\ w_i + w_{i'} = 1 \end{cases} \quad (i,i'=1,2,\cdots,n;i \neq i') \quad (4.15)$$

式(4.15)中,$D_{ii't}$表示京津冀"地区对"$(d_i,d_{i'})$之间的协同度;$C_{ii't}$表示京津冀"地区对"$(d_i,d_{i'})$之间的协调指数,t为调节系数,$t \geqslant 2$,一般情况下,取$t=2$;$T_{ii't}$表示京津冀"地区对"$(d_i,d_{i'})$之间的协同指数;基于京津冀各个地区的社会经济发展具有同等重要性,各个地区之间必须保持同步发展,因此,取$w_i = w_{i'} = \dfrac{1}{2}$;$D^*$为地区协同度诊断的诊断阈值。

4.4.2.3 协同性诊断的阈值设定和判别

采用专家咨询法、头脑风暴法等咨询方法,合理确定适配方案中水资源配置与经济社会发展协调度诊断的诊断阈值C^*、地区协同度诊断的诊断阈值D^*。然后对适配方案进行协调度诊断、协同度诊断,判别导致京津冀水资源与产业结构双向优化适配方案不合理的地区及产业。

最终,通过诊断适配方案是否同时满足$C_{it}>C^*$、$D_{ii't}>D^*$,判别导致京津冀水资源与产业结构双向优化适配方案不合理的地区。

第五章
京津冀水资源与产业结构双向优化适配方案优化

本章明确了京津冀水资源与产业结构双向优化适配方案的优化思路，设计了京津冀水资源与产业结构双向优化适配方案的优化机制，构建了适配方案调整的地区利益补偿函数，通过对京津冀地区及其产业的水资源配置进行调整，使京津冀水资源与产业结构双向优化适配结果通过诊断体系，优化京津冀整体的社会经济综合效益。

5.1 适配方案优化思路

以适配方案诊断结果为依据，探寻导致适配方案诊断结果存在不合理性的根源。通过逆向追踪法，反向追踪不适配的地区或产业，识别出京津冀"产业结构升级调整区"。以此为基础，构建地区层和产业层交互的利益博弈机制和利益补偿模型，调整地区层和产业层的水资源配置量，确定京津冀水资源与产业结构双向优化适配的推荐方案。

京津冀水资源与产业结构双向优化的适配方案优化思路见图 5.1。

将"水量、水效、水质"约束、地区层的经济社会生态目标以及产业层的产业结构优化目标进行集成分析，从政府与市场"两手"发力，以市场调节机制为主、政府宏观调控作用机制为辅，因地制宜适度调整适配方案的诊断阈值，形成适配方案调整策略，构建地区层和产业层交互的利益补偿模型，调整地区层和产业层的水资源配置量，优化适配方案。

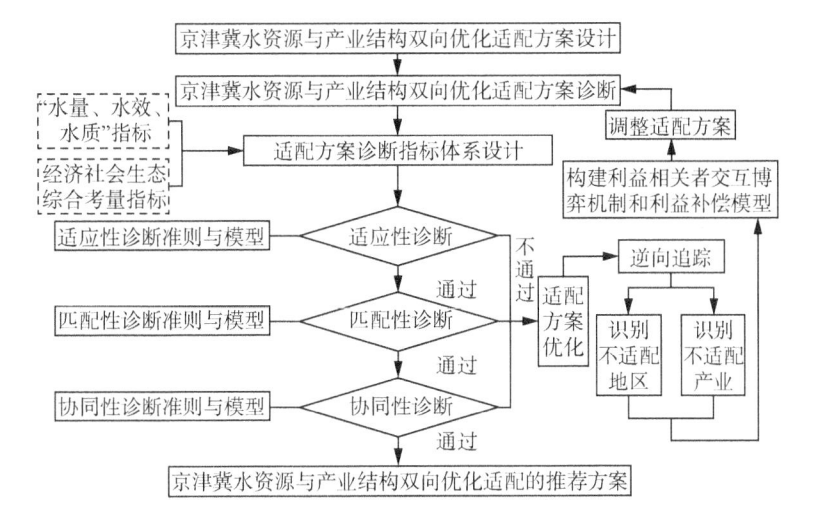

图 5.1 京津冀水资源与产业结构双向优化的适配方案优化思路

5.2 适配方案优化的利益博弈机制设计

以适配方案诊断结果为依据,通过逆向追踪法,确定适配方案中需要调整水资源配置量的地区及产业,识别出"配水过多区"和"配水过少区"、以及"产业结构升级调整区",以此为基础,反馈地区层和产业层利益相关者的利益诉求,构建地区层和产业层交互的利益博弈机制。

5.2.1 适配方案调整的地区利益博弈要素

京津冀各个地区水资源配置是一个动态博弈的过程,京津冀各个地区根据自身利益最大化原则,通过加强相互之间的竞争与合作,改变各个地区的水资源配置策略,水资源配置量增加利益主体对水资源配置量减少利益主体进行利益补偿,可进一步优化京津冀水资源综合效益,获得京津冀水资源与产业结构双向优化适配方案。

根据京津冀各个地区博弈方的水资源配置量、水资源边际效益以及综合效益,不断调整各个地区博弈方的水资源配置策略。将各个地区作为博弈方,记为 $R=\{i(i=1,2,\cdots,n)\}$。假定博弈方 i 的水资源配置量为 W_i,水资源边际效益为 $f'_i(W_i)$,则博弈方 k 的水资源综合效益为 $f_k(W_k) = W_k \cdot f'_k(W_k)$。现假设任意两两博弈方(简称博弈对)$i$ 和 k [$i,k \in (1,2,\cdots,n)$],若博弈对 i 和 k 合作,则意味着博弈方 i 愿意削减 ΔW 的水资源配置量,博

弈方 k 期望增加 ΔW 的水资源配置量；若博弈对 i 和 k 不合作，则意味着博弈方 i 期望维持现状的水资源配置量 W_i，或者博弈方 k 期望增加比 ΔW 更多的水资源配置量。为此，记 $S_i = \{W_{it}\}$ 为第 i 个博弈方的所有可选择的策略集合，$t = 1, 2, \cdots, T$，为博弈的次数；$W_{it} = \left\{ W \mid \sum_{i=1}^{n} W_{it} = W_0, W_{it} > 0, t = 1, 2, \cdots, T \right\}$ 为各博弈方通过相互竞争与合作，第 t 轮博弈过程中博弈方 i 经调整后获得的水资源配置量。

5.2.2 地区利益博弈的收益函数

针对适配方案，在博弈对 i 和 k 之间的动态博弈过程中，成立京津冀水资源协调管理机构，京津冀水资源协调管理机构可引入激励因子 δ 和惩罚因子 λ，改变博弈对 i 和 k 的水资源配置策略，共有 4 种调整方案：

(1) 博弈对 i 和 k 合作，博弈方 i 将 ΔW 水资源配置量调整给博弈方 k；

(2) 博弈方 i 合作，博弈方 k 不合作，则京津冀水资源协调管理机构可引入惩罚因子 λ（$\lambda \in (0, 1]$），博弈方 j 将 $(1-\lambda) \cdot \Delta W$ 水资源配置量调整给博弈方 k；

(3) 博弈方 i 不合作，博弈方 k 合作，京津冀水资源协调管理机构可引入激励因子 δ（$\delta \in (0, 1]$），博弈方 i 将 $\delta \cdot \Delta W$ 水资源配置量调整给博弈方 k；

(4) 博弈对 i 和 k 都不合作，博弈对 i 和 k 的水资源配置量不发生变化。

假设博弈方 i 选择"合作"策略的概率为 θ_i（$\theta_i \in [0, 1]$），博弈方 k 选择"合作"策略的概率为 θ_k（$\theta_k \in [0, 1]$），针对适配方案，构造博弈对 i 和 k 之间的博弈收益矩阵，见图 5.2。

策略	合作	不合作
合作	A, B	C, D
不合作	E, F	G, H

图 5.2 博弈对 i 和 k 之间的博弈收益矩阵

图 5.2 中，(A, B) 为博弈对 i 和 k 选择策略（j 合作，k 合作）时，博弈对 j 和 k 调整水资源配置量的水资源综合效益，其中：$A = (W_i - \Delta W) \cdot f'_i(W_i)$，$B = (W_k + \Delta W) \cdot f'_k(W_k)$。

(C, D) 为博弈对 i 和 k 选择策略（i 合作，k 不合作）时，博弈对 i 和 k 调整水资源配置量的水资源综合效益，其中：$C = (W_i - (1-\lambda)\Delta W) \cdot f'_i(W_i)$，$D = (W_k + (1-\lambda)\Delta W) \cdot f'_k(W_k)$。

(E,F) 为博弈对 i 和 k 选择策略(i 不合作,k 合作)时,博弈对 i 和 k 调整水资源配置量的水资源综合效益,其中:$E=(W_i-\delta\Delta W)\cdot f'_i(W_i)$,$F=(W_k+\delta\Delta W)\cdot f'_k(W_k)$。

(G,H) 为博弈对 i 和 k 选择策略(i 不合作,k 不合作)时,博弈对 i 和 k 的水资源综合效益,其中:$G=W_i\cdot f'_i(W_i)$,$H=W_k\cdot f'_k(W_k)$。

则博弈对 i 和 k 的期望收益 π_i、π_k 可分别表示为

$$\begin{aligned}\pi_i &= \theta_i\cdot[\theta_k\cdot A+(1-\theta_k)\cdot C]+(1-\theta_i)\cdot[\theta_k\cdot E+(1-\theta_k)\cdot G]\\ &=\theta_i\theta_k(A-C-E+G)+\theta_i(C-G)+\theta_k(E-G)+G\\ &=[W_i+(\theta_i\theta_k(\delta-\lambda)-(1-\lambda)\theta_i-\delta\theta_k)\cdot\Delta W]\cdot f'_i(W_i)\\ \pi_k &=\theta_k\cdot[\theta_i\cdot B+(1-\theta_i)\cdot F]+(1-\theta_k)\cdot[\theta_i\cdot D+(1-\theta_i)\cdot H]\\ &=\theta_i\theta_k(B-F-D+H)+\theta_k(F-H)+\theta_i(D-H)+H\\ &=[W_k+((\lambda-\delta)\theta_i\theta_k+\delta\theta_k+(1-\lambda)\theta_i)\cdot\Delta W]\cdot f'_k(W_k)\end{aligned} \quad (5.1)$$

式(5.1)表明,随着博弈对 i 和 k 选择"合作"策略的概率 θ_i 和 θ_k 的改变,同时受到激励因子 δ 和惩罚因子 λ 的影响,博弈对 i 和 k 调整的水资源配置量将发生不同程度的变化。博弈对 i 和 k 调整的水资源配置量 ΔW_i、ΔW_k 可分别表示为

$$\begin{aligned}\Delta W_i &= W_{i(t+1)}-W_{it}=\pi_i/f'_i(W_i)-W_i\\ &=(\theta_i\theta_k(\delta-\lambda)-(1-\lambda)\theta_i-\delta\theta_k)\cdot\Delta W\\ \Delta W_k &= W_{k(t-1)}-W_{kt}=\pi_k/f'_k(W_k)-W_k\\ &=((\lambda-\delta)\theta_i\theta_k+\delta\theta_k+(1-\lambda)\theta_i)\cdot\Delta W\end{aligned} \quad (5.2)$$

式(5.2)中,由于博弈方 i 是水资源配置量减少利益主体,博弈方 k 是水资源配置量增加利益主体,因此,$\Delta W_i<0$,$\Delta W_k>0$。令 $\theta_i=\theta_k=1$,则 $\Delta W_i=-\Delta W$,$\Delta W_k=\Delta W$,说明最终在博弈对 i 和 k 均愿意合作的情况下,ΔW 即为博弈方 i 愿意削减的水资源配置量、博弈方 k 期望增加的水资源配置量。

5.2.3 适配方案调整的地区利益补偿函数

各博弈方之间进行动态博弈的过程中,博弈对 i 和 k 水资源综合效益的变化量 $\Delta f(W)$ 可表示为

$$\Delta f(W)=\Delta f_k(W_k)+\Delta f_i(W_i)=(\pi_k-f_k(W_k))+(\pi_i-f_i(W_i)) \quad (5.3)$$

式(5.3)中，$f_i(W_i)$、$f_k(W_k)$分别为适配方案中博弈对i和k的水资源综合效益。

结合式(5.1)~式(5.3)，根据博弈对i和k的博弈策略，京津冀水资源综合效益的变化函数可表示为$\Delta f(W) = \Delta f_k(W_k) + \Delta f_i(W_i) > 0$。

针对京津冀各个地区博弈方水资源综合效益的变化，水资源配置量增加利益主体必须对水资源配置量减少利益主体进行相应的利益补偿，从而使优化的适配方案为京津冀各个地区所接受。则水资源配置量减少利益主体应获得的利益补偿函数可表示为

$$\Delta F(W) = \Delta f(W) \cdot \varepsilon = (\Delta f_k(W_k) + \Delta f_i(W_i)) \cdot \varepsilon \tag{5.4}$$

式(5.4)中，$\Delta F(W)$为水资源配置量增加的利益主体给予水资源配置量削减的利益主体的利益补偿函数；ε为利益补偿因子，$\varepsilon \in (0,1]$。

水资源配置量增加的博弈方k给予水资源配置量削减的博弈方i的利益补偿函数取决于变量激励因子δ、惩罚因子λ、博弈对i和k选择"合作"策略的概率θ_i和θ_k、水资源配置调整量ΔW以及利益补偿因子ε。实践中，可假定在利益补偿的前提条件下，京津冀各个地区均愿意采用"合作"策略，即激励因子δ、惩罚因子λ、概率θ_i和θ_k取为1，利益补偿因子ε取为0.5。

最终，结合式(5.1)~式(5.4)，在调整适配方案的基础上，可进一步优化京津冀水资源综合效益。

5.3 适配方案优化的水资源综合效益变化

假定适配方案优化之后，博弈方k调整的水资源配置量为ΔW_k，博弈方k第l个产业调整的水资源配置量为ΔW_{kl}，则博弈方k的水资源综合效益变化$\Delta f_k(W_k)$可表示为

$$\Delta f_k(W_k) = \Delta W_{k1} \cdot a_k + \Delta W_{k2} \cdot b_k + \Delta W_{k3} \cdot c_k \tag{5.5}$$

式(5.5)中，a_k为博弈方k单方水第一产业增加值；b_k为博弈方k单方水第二产业增加值；c_k为博弈方k单方水第三产业增加值；ΔW_{k1}、ΔW_{k2}、ΔW_{k3}分别为博弈方k的第一产业、第二产业、第三产业的调整水资源配置量。

同理，可得到适配方案优化后博弈方i的水资源综合效益变化$\Delta f_i(W_i)$：

$$\Delta f_i(W_i) = \Delta W_{i1} \cdot a_i + \Delta W_{i2} \cdot b_i + \Delta W_{i3} \cdot c_i \tag{5.6}$$

式(5.6)中，a_i为博弈方i单方水第一产业增加值；b_i为博弈方i单方水第二

产业增加值；c_i 为博弈方 i 单方水第三产业增加值；ΔW_{i1}、ΔW_{i2}、ΔW_{i3} 分别为博弈方 i 的第一产业、第二产业、第三产业的调整水资源配置量。

结合式(5.1)~式(5.6)，最终可计算出适配方案的优化方案、各博弈方调整的水资源配置量、各博弈方的水资源综合效益变化值。

将调整后的适配方案重新进行适配方案诊断，直至通过适配方案诊断为止，提出京津冀水资源与产业结构双向优化适配的推荐方案，实现京津冀水资源在地区层和产业层的优化配置，推进京津冀产业结构优化升级，促进京津冀水资源与经济社会生态协调发展，推动京津冀协同发展。

第六章
实证研究

本章将构建的模型和方法应用于京津冀地区,验证了方法的合理性和可行性。在预测京津冀水资源与产业结构双向优化适配方案设计的模型参数基础上,采用适配方案设计、诊断与优化的研究思路,进行适配方案的设计、诊断与优化,并提出了京津冀协同发展下水资源与产业结构双向优化适配方案实施的制度保障。

6.1 京津冀水资源与产业结构双向优化适配方案设计

依据京津冀地区现有的相关宏观经济、产业结构、水资源利用、废水排放和粮食产量等数据,预测2025—2035年京津冀地区水资源需求情况,通过适配方案设计模型,对京津冀水资源与产业结构双向优化适配方案进行合理设计。

6.1.1 适配方案设计模型参数预测

6.1.1.1 地区层适配方案设计模型参数预测

1. 京津冀地区 GDP 预测

根据1990—2019年京津冀各个地区的 GDP,可得到京津冀地区 GDP 总量。1990年京津冀地区 GDP 总量仅1 708.1亿元,2019年突破8万亿元,达到84 580.1亿元。但其 GDP 增长率持续下降。通过数据模拟,采用趋势外推法，预测得到2019—2025年、2025—2030年、2030—2035年京津冀地区GDP总量增长率分别为4.4%、4.1%、3.4%。预计2025年、2030年、2035年京津冀地区GDP总量将分别达到109 206亿元、133 756亿元、158 450亿元。依据京津冀地区GDP总量和各个地区的GDP，进一步确定1990—2019年京津冀各个地区的GDP占比，见表6.1。

表6.1 1990—2019年京津冀地区GDP占比　　　　　　　单位：%

年份	北京GDP占比	天津GDP占比	河北GDP占比
1990	29.32	18.20	52.48
1991	29.74	17.02	53.24
1992	29.56	17.14	53.30
1993	28.44	17.30	54.26
1994	28.17	18.03	53.80
1995	28.51	17.62	53.87
1996	28.11	17.63	54.26
1997	28.46	17.34	54.21
1998	29.68	17.17	53.16
1999	30.81	17.26	51.92
2000	31.91	17.18	50.91
2001	33.27	17.22	49.51
2002	34.56	17.23	48.21
2003	34.52	17.77	47.71
2004	34.24	17.65	48.11
2005	33.37	18.70	47.93
2006	33.76	18.56	47.69
2007	34.30	18.30	47.40
2008	32.84	19.85	47.31
2009	32.93	20.38	46.70
2010	32.27	21.09	46.63
2011	31.21	21.71	47.08
2012	31.18	22.48	46.34
2013	31.59	23.04	45.37
2014	32.09	23.66	44.26
2015	33.18	23.84	42.97
2016	33.94	23.65	42.41

续 表

年份	北京 GDP 占比	天津 GDP 占比	河北 GDP 占比
2017	34.77	23.02	42.21
2018	41.93	16.92	41.15
2019	41.82	16.68	41.50

采用趋势外推法估算 2025—2035 年京津冀各个地区的 GDP 占比,见表 6.2。

表 6.2　2025—2035 年京津冀地区 GDP 占比　　　　单位:%

年份	北京 GDP 占比	天津 GDP 占比	河北 GDP 占比
2025	43.95	17.11	38.94
2030	45.35	17.24	37.41
2035	46.75	17.36	35.90

根据表 6.2,得到 2025—2035 年京津冀各个地区的 GDP,见表 6.3。

表 6.3　2025—2035 年京津冀地区 GDP　　　　单位:亿元

年份	北京 GDP	天津 GDP	河北 GDP
2025	51 611.73	20 092.89	45 723.18
2030	69 068.14	26 260.60	56 979.40
2035	90 269.29	33 515.93	69 324.15

2. 京津冀地区用水需求量预测

京津冀地区用水需求量可通过京津冀各个地区的人口、人均综合用水量指标予以确定。参考京津冀地区人口规划、水资源综合利用规划等相关规划和报告成果以及"京津冀水资源安全保障技术研发集成与示范应用"等项目的已有研究成果,2035 年,北京、天津、河北的人口数预计将分别达到 2 300 万人、1 850 万人、8 100 万人。从而可估算得到 2019—2035 年北京、天津、河北的人口增长率,并预测得到 2025 年、2030 年、2035 年北京、天津、河北的人口数,见表 6.4。

表 6.4　2025—2035 年京津冀地区人口数　　　　单位:万人

年份	北京	天津	河北
2025	2 207.375	1 664.219	7 773.186
2030	2 253.212	1 754.652	7 932.131
2035	2 300	1 850	8 100

同时,根据 1990—2019 年京津冀各个地区的人均综合用水量数据的变化,采用趋势外推法,可预测得到 2025—2035 年京津冀各个地区的人均综合用水量,见表 6.5。

表 6.5　2025—2035 年京津冀地区人均综合用水量　　单位:立方米

年份	北京	天津	河北
2025	[203.73,223.52]	[187.88,208.23]	[233.01,254.89]
2030	[212.55,251.93]	[193.07,233.13]	[227.24,267.90]
2035	[221.75,283.95]	[198.41,261.01]	[221.62,281.56]

根据表 6.4 和表 6.5,可得到 2025 年、2030 年、2035 年京津冀各个地区的用水需求量,见表 6.6。

表 6.6　2025—2035 年京津冀地区用水需求量　　单位:亿立方米

年份	北京	天津	河北
2025	[44.97,49.34]	[31.27,34.65]	[181.12,198.13]
2030	[47.89,56.77]	[33.88,40.91]	[180.25,212.50]
2035	[51.00,65.31]	[36.71,48.29]	[179.51,228.07]

3. 京津冀地区废水排放量预测

自 2003 年之后,《海河流域水资源公报》开始提供全流域工业及建筑业废水排放和第三产业废水排放的分项数据。现利用相关数据,通过对废水排放量在各产业和地区间分布的预测,确定京津冀各个地区废水排放限额的预测值。

根据 2004—2017 年海河流域、京津冀地区的废水排放量数据,确定 2004—2017 年京津冀废水排放总量均值占海河流域废水排放总量均值的 90%,2004—2017 年海河流域第二产业、第三产业废水排放量占海河流域废水排放总量的比重均值分别为 50%、17%,将其作为海河流域与京津冀地区第二产业、第三产业废水排放量的折算比值。同时,将 2004—2017 年海河流域废水排放总量的均值作为海河流域废水排放总量限额,将 2018 年海河流域第二产业、第三产业废水排放占比作为海河流域第二产业、第三产业废水排放量下限,将 2004—2017 年海河流域第二产业、第三产业废水排放占比均值作为海河流域第二产业、第三产业废水排放量上限。为此,预测得到 2025—2035 年京津冀废水排放总量限额,京津冀第二产业、第三产业废水排放量限额,见表 6.7。

表 6.7　2025—2035 年京津冀废水排放总量限额　　　　单位：亿吨

京津冀	第二产业	第三产业
46.24	[16.26,23.00]	[6.14,7.95]

《中国环境统计年鉴》提供了 2004—2017 年京津冀地区工业废水排放量和生活废水排放量数据。考虑工业废水在第二产业废水排放中占有绝大部分,可用 2004—2017 年京津冀地区间工业废水排放比例均值代替第二产业废水排放比例,对废水排放量进行京津冀各个地区间的分配。同时,《中国环境统计年鉴》没有提供京津冀地区第三产业废水排放数据,而是将其包含在生活废水排放量中。为此,可用京津冀地区间生活废水排放比例均值代替第三产业废水排放比例,对废水排放量进行各个地区间的分配。最终,预测得到京津冀各个地区第二产业、第三产业废水排放量限额,见表 6.8。

表 6.8　2025—2035 年京津冀地区废水排放量限额　　　单位：亿吨

地区	第二产业限额	第三产业限额
北京	[1.11,1.57]	[2.20,2.84]
天津	[2.37,3.35]	[1.06,1.37]
河北	[12.79,18.09]	[2.89,3.73]

4. 京津冀地区基本民生保障用水需求预测

首先,预测 2025—2035 年京津冀地区居民生活用水需求量。依据 1990—2019 年京津冀地区人均生活用水量变化,采用趋势外推法,预测得到 2025—2035 年京津冀地区人均生活用水量,见表 6.9。

表 6.9　2025—2035 年京津冀地区人均生活用水量　　单位：立方米/人

年份	北京	天津	河北
2025	[93.28,97.08]	[143.43,245.59]	[40.04,44.42]
2030	[99.02,102.37]	[154.13,241.29]	[44.20,48.19]
2035	[105.12,108.67]	[165.63,259.30]	[48.78,53.19]

同时,依据1990—2019 年京津冀地区生活用水量与居民生活用水量之间的变化,确定京津冀地区生活用水量与居民生活用水量之间的折算系数,计算得到 2025—2035 年京津冀地区居民生活用水需求量,见表 6.10。

表 6.10　2025—2035 年京津冀地区居民生活用水需求量　单位:亿立方米

年份	北京	天津	河北
2025	[9.32,9.70]	[5.83,6.10]	[22.29,24.73]
2030	[10.10,10.44]	[6.37,6.61]	[25.11,27.38]
2035	[10.95,11.32]	[6.96,7.22]	[28.30,30.86]

其次,预测 2025—2035 年京津冀地区粮食生产的第一产业最小用水需求量。1990—2018 年京津冀地区粮食产量占全国粮食总产量的比重维持在 5.69%~6.87%,平均值为 6.24%。至 2018 年,京津冀地区粮食产量占全国粮食总产量的比重降至 6%。假定 2025—2035 年京津冀地区粮食产量占全国粮食总产量的比重维持在 6% 左右。

1990—2002 年,全国粮食产量经历了从"波动式上升"到"波动式下降"的过程,但 2002 年仍高于 1990 年的粮食产量。自 2003 年之后,粮食产量连年丰收且持续增加,全国人均粮食产量逐年上升,2018 年达到 0.47 吨/人。1990—2018 年,全国人均粮食产量均值达到 0.44 吨/人。假定 2025—2035 年全国人均粮食产量维持在 0.44 吨/人。同时,按照全国人口增长变化,采用趋势外推法,预计 2025 年、2030 年、2035 年全国人口分别达到 14.388 亿、14.412 亿、14.335 亿。通过计算,预计 2025 年、2030 年、2035 年全国粮食产量将分别达到 63 308 万吨、63 412 万吨、63 074 万吨。因此,预计 2025 年、2030 年、2035 年京津冀粮食产量将分别达到 3 796 万吨、3 802 万吨、3 782 万吨(见表 6.11)。

表 6.11　2025—2035 年京津冀地区粮食产量　单位:万吨

年份	北京	天津	河北
2025	32.85	201.78	3 561.34
2030	32.91	202.11	3 567.15
2035	32.73	201.04	3 548.15

依据 2002—2018 年京津冀农业单方水粮食产量的变化趋势,可建立京津冀农业单方水粮食产量的时间序列分析模型,即

$$y = 0.959\ 8t + 12.465$$
$$R^2 = 0.985\ 5$$
(6.1)

式(6.1)中,y 为第 t 个时期京津冀农业单方水粮食产量;R^2 为时间序列分析

模型的检验值。

根据式(6.1),预测得到 2025 年、2030 年、2035 年京津冀农业单方水粮食产量将分别达到 35.5 吨/万立方米、40.3 吨/万立方米、45.1 吨/万立方米。则预计 2025 年、2030 年、2035 年保障京津冀粮食产量的最小农业用水需求应分别达到 106.93 亿立方米、94.35 亿立方米、83.86 亿立方米。按照京津冀农业用水量与第一产业用水量之间的折算系数,则预计 2025 年、2030 年、2035 年保障京津冀粮食产量的最小第一产业用水需求量应分别达到 108.05 亿立方米、95.34 亿立方米、84.4 亿立方米(见表 6.12)。

表 6.12　2025—2035 年京津冀地区第一产业的最小用水需求量

单位:亿立方米

年份	北京	天津	河北	总计
2025	1.99	7.97	98.09	108.05
2030	1.25	7.31	86.78	95.34
2035	0.81	6.74	77.19	84.4

5. 京津冀地区供水量变化

京津冀地区由于地表水资源严重稀缺、水污染问题未得到根本改善,主要依靠超采地下水来维持经济社会发展,根据河北省地下水超采治理方案以及华北地区地下水超采综合治理行动方案,京津冀地区总超采面积 8.7 万平方千米,约占全国总超采面积的 43%,京津冀地区目前年均超采量约 35 亿立方米。为了维持地下水可持续利用,保障京津冀地区水安全和生态安全,2025—2035 年京津冀地区地下水可供水量应控制在不超采的范围内。地下水压采 70%、100% 的情况下,京津冀地区地下水可开采量分别为 116.6 亿立方米、107.6 亿立方米。

现状水平年京津冀地区南水北调中线和部分引黄工程已经开始运行,依据南水北调总体规划、河北省节约用水规划,未来南水北调中线一期工程和位山引黄、李家岸引黄、小开河引黄、万家寨等引黄工程全部达效后,预计京津冀外调水可供水量达到 58 亿立方米。因此,京津冀地区可通过考虑南水北调东线以及中线二期提高供水保障。同时,根据《南水北调东线工程后续规划调研建议》,按照"维持河湖基本生态用水需求,重点保障枯水期生态基流"要求,京津冀地区河湖适宜生态环境用水量约 98 亿立方米,京津冀地区生态改善与修复仍需要更多的水源支撑。因此,京津冀地区南水北调中线工程和东线工程分配给京津冀地区的来水量主要用于生活和生态环境以及补充地下水。综上,预计2020—2025年、2025—2035年京津冀地区分别增加12亿立方米、36.3亿立方米的外调水量。

6.1.1.2 产业层适配方案设计模型参数预测

京津冀用水量与人口数量、城镇化和经济发展水平、经济结构、产业布局以及水资源条件、用水方式等诸多因素有关。因此,亟需对未来京津冀地区生产、生活、生态用水需求量进行合理预测,尽可能使未来京津冀用水与京津冀地区经济社会发展相适应匹配。以2019年为现状年,对2025—2035年京津冀地区生产、生活、生态用水需求量进行合理预测。

1. 京津冀地区产业结构预测

依据1990—2019年京津冀各个地区的三次产业产值数据,可确定1990—2019年京津冀各个地区的三次产业的产业结构占比。并采用趋势外推法,预测2025—2035年京津冀各个地区的三次产业产值比重(见表6.13)。

表6.13 2025—2035年京津冀地区三次产业的产业结构占比　　单位:%

地区	年份	第一产业占比	第二产业占比	第三产业占比
北京	2025	0.22	14.42	85.36
	2030	0.15	13.11	86.74
	2035	0.11	11.91	87.97
天津	2025	1.03	29.53	69.44
	2030	0.87	25.56	73.56
	2035	0.74	22.11	77.15
河北	2025	10.41	33.66	55.94
	2030	9.68	29.94	60.38
	2035	9.00	27.28	63.71

根据表6.3和表6.13,可确定京津冀地区三次产业的经济产值。

2. 京津冀地区生产用水量预测

依据京津冀各个地区的三次产业用水效率数据,采用趋势外推法,预测2025—2035年京津冀各个地区的三次产业用水效率(见表6.14)。

表 6.14 2025—2035 年京津冀地区三次产业用水效率

单位：立方米/万元

地区	年份	第一产业万元增加值用水量	第二产业万元增加值用水量	第三产业万元增加值用水量
北京	2025	192.28	4.00	2.53
	2030	125.20	2.84	2.02
	2035	81.52	2.02	1.65
天津	2025	412.27	9.36	1.61
	2030	341.66	7.83	1.29
	2035	283.15	6.55	1.07
河北	2025	221.35	12.43	3.28
	2030	168.49	11.15	2.76
	2035	128.25	10.01	2.44

根据表 6.13 和表 6.14，最终预测得到 2025—2035 年京津冀地区三次产业用水需求量。针对京津冀地区第一产业（农业）用水需求量预测，一是根据北京农业高效节水方案以及城市总体规划，北京市农业要优化种植结构，严格用水限额管理，农业用水负增长；二是根据天津市水资源配置等相关报告，天津市农田有效灌溉面积将在未来较长一段时期内处于比较稳定的局面，同时适当调整农作物种植结构，发展节水灌溉农业；三是考虑到非首都功能疏解将农业及耗水产业疏解到河北省，参考河北省节约用水和发展规划，河北耕地面积基本保持不变，考虑农业节水灌溉技术提高，地下水压采下种植结构调整等措施，同时考虑近几年林牧渔需水变化较为稳定，且整体处于增加趋势，确定农业需水量。因此，京津冀地区第一产业（农业）最高用水需求量和现状水平年保持不变。

针对京津冀地区第二产业（工业）用水需求量预测，一是依据北京市"十三五"规划和城市综合规划，北京市工业用水新水零增长，预计 2025—2035 年北京市第二产业（工业）最高用水需求量和现状年保持不变；二是对于天津和河北，工业在维持现有工业产业结构条件下，工业生产规模与节水水平同步提升，第二产业（工业）最高用水需求量和现状水平年基本保持一致。为此，将现状水平年 2019 年京津冀地区第一产业、第二产业的用水量作为 2025—2035 年京津冀地区第一产业、第二产业的用水需求量上限，见表 6.15。

表 6.15 2025—2035 年京津冀地区三次产业用水需求量 单位：亿立方米

地区	年份	第一产业	第二产业	第三产业
北京	2025	[1.99,3.74]	[2.90,3.45]	[11.14,11.57]
	2030	[1.25,3.74]	[2.44,3.45]	[12.10,12.47]
	2035	[0.81,3.74]	[2.01,3.45]	[13.14,13.52]
天津	2025	[7.97,9.30]	[5.55,5.76]	[2.25,2.35]
	2030	[7.31,9.30]	[5.26,5.76]	[2.49,2.57]
	2035	[6.74,9.30]	[4.85,5.76]	[2.49,2.57]
河北	2025	[98.09,115.50]	[19.13,19.24]	[8.39,9.36]
	2030	[86.78,115.50]	[19.03,19.24]	[9.51,10.40]
	2035	[77.19,115.50]	[18.94,19.24]	[10.78,11.78]

3. 京津冀地区生活用水量预测

针对京津冀地区生活用水需求量预测，基于京津冀现状人口数量，考虑人口自然增长和机械增长，根据京津冀地区对应的"十三五"规划等相关规划进行结果修正。根据表 6.4 和表 6.9，预测得到 2025—2035 年京津冀地区生活用水需求量，见表 6.16。

表 6.16 2025—2035 年京津冀地区生活用水需求量 单位：亿立方米

年份	北京	天津	河北
2025	[20.59,21.43]	[8.34,8.71]	[31.12,34.53]
2030	[22.31,23.07]	[9.10,9.44]	[35.06,38.22]
2035	[24.18,24.99]	[9.94,10.31]	[39.51,43.08]

4. 京津冀地区生态用水量预测

针对京津冀地区生态用水需求量预测，主要考虑河道外的生态用水需求量。考虑南水北调中线工程和东线工程分配给京津冀地区的来水量主要用于生活和生态环境以及补充地下水。一是根据 2001—2019 年京津冀地区生态用水量变化，采用趋势外推法，预测 2025—2035 年京津冀地区生态用水需求量；二是根据北京城市总体规划以及南水北调后期规划、天津水资源承载力研究和配置报告、定额法，对 2025—2035 年京津冀地区生活用水需求量进行预测（见表 6.17）。

表6.17　2025—2035年京津冀地区生态用水需求量　　单位:亿立方米

年份	北京	天津	河北
2025	[19.48,20.87]	[9.08,11.14]	[25.98,29.31]
2030	[21.91,26.66]	[11.93,16.66]	[33.65,39.98]
2035	[24.07,33.28]	[15.14,23.17]	[41.45,50.68]

总体来看,2025—2035年,京津冀地区用水需求仍处于增长阶段,主要来自生活和生态用水需求量的增长。其中,京津冀地区第一产业、第二产业用水需求量有所下降,第三产业用水量有所增加。

6.1.2　适配方案设计

6.1.2.1　地区层适配方案

应用第三章构建的多目标耦合投影寻踪模型,确定规划期2025—2035年不同情景下京津冀各个地区的水资源配置量。其中,情景1和情景2主要指规划期京津冀地区维持现状水平年的供水量,分别按照低需求、高需求进行水资源配置;情景3和情景4主要指规划期京津冀地区在现状水平年供水量基础上增加外调水量,分别按照低需求、高需求进行水资源配置。为简化多目标耦合投影寻踪模型的复杂性,采用等权法,赋予各配置原则下的目标满意度函数的权重。同时,采用等权法,设定京津冀各个地区决策者,分别对各目标满意度函数进行赋权。

1. 2025年不同情景下地区层适配方案

规划期2025年不同情景下京津冀各个地区的水资源配置量见表6.18。

表6.18　2025年不同情景下京津冀地区适配方案　　单位:亿立方米

地区	情景1:低需求-供水不增加	情景2:高需求-供水不增加	情景3:低需求-供水增加	情景4:高需求-供水增加
北京	44.80	45.50	44.97	46.00
天津	30.50	31.00	31.26	32.00
河北	177.10	175.90	181.12	186.40
京津冀	252.40	252.40	257.35	264.40

根据表6.18,①针对情景1,在京津冀供水量不增加的情况下,为保障2025年京津冀地区用水低需求,同时提高京津冀水资源配置的多目标耦合满意度,北京、天津和河北的水资源配置满意度分别为1.00、0.98和0.98。

②针对情景2,在京津冀供水量不增加的情况下,为保障2025年京津冀地区用水高需求,同时提高京津冀水资源配置的多目标耦合满意度,北京、天津和河北的水资源配置满意度分别为0.92、0.89和0.89。其中河北水资源配置量较大,在京津冀水资源配置利用总量中的占比接近70%。③针对情景3,在京津冀供水量增加的情况下,可充分保障2025年京津冀地区用水低需求,北京、天津和河北的水资源配置满意度均达到1.00。④针对情景4,在京津冀供水量增加的情况下,为保障2025年京津冀地区用水高需求,同时提高京津冀水资源配置的多目标耦合满意度,北京、天津和河北的水资源配置满意度分别为0.93、0.92和0.94。

根据表6.18,2025年情景1、情景2、情景3、情景4的京津冀水资源配置结果的总体目标满意度分别达到0.987、0.982、0.993、0.992,见表6.19。

表6.19　2025年不同情景下京津冀水资源配置结果的总体目标满意度

情景	原则1	原则2	原则3	原则4	原则5	原则6	原则7	原则8	总体
情景1	1.00	1.00	0.97	0.98	0.97	0.98	1.00	0.9997	0.987
情景2	1.00	1.00	0.95	0.97	0.95	0.97	1.00	0.9988	0.982
情景3	1.00	1.00	0.97	1.00	0.97	1.00	1.00	1.0000	0.993
情景4	1.00	1.00	0.98	1.00	0.99	0.98	1.00	0.9997	0.992

注:原则1主要指总量控制原则;原则2主要指基本民生保障原则;原则3主要指尊重历史与现状原则;原则4主要指未来需求导向原则;原则5主要指公平性原则;原则6主要指高效性原则;原则7主要指水环境保护原则;原则7主要指可持续利用原则(下同)。

2. 2030年不同情景下地区层适配方案

规划期2030年不同情景下京津冀各个地区的水资源配置量见表6.20。

表6.20　2030年不同情景下京津冀地区适配方案　　单位:亿立方米

地区	情景1:低需求-供水不增加	情景2:高需求-供水不增加	情景3:低需求-供水增加	情景4:高需求-供水增加
北京	45.80	46.31	47.89	51.00
天津	31.50	31.79	33.88	37.00
河北	175.10	174.30	180.25	200.70
京津冀	252.40	252.40	262.02	288.70

根据表6.20,①针对情景1,在京津冀供水量不增加的情况下,为保障2030年京津冀地区用水低需求,同时提高京津冀水资源配置的多目标耦合满意度,北京、天津和河北的水资源配置满意度分别为0.96、0.93和0.97。

②针对情景2,在京津冀供水量不增加的情况下,为保障2030年京津冀地区用水高需求,同时提高京津冀水资源配置的多目标耦合满意度,北京、天津和河北的水资源配置满意度分别为0.82、0.78和0.82。其中河北水资源配置量较大,在京津冀水资源配置利用总量中的占比达到69.06%。③针对情景3,在京津冀供水量增加的情况下,可充分保障2030年京津冀地区用水低需求,北京、天津和河北的水资源配置满意度均达到1.00。④针对情景4,在京津冀供水量增加的情况下,为保障2030年京津冀地区用水高需求,同时提高京津冀水资源配置的多目标耦合满意度,北京、天津和河北的水资源配置满意度分别为0.90、0.90和0.94。

根据表6.20,2030年情景1、情景2、情景3、情景4的京津冀水资源配置结果的总体目标满意度分别达到0.981、0.980、0.994、0.983,见表6.21。

表6.21 2030年不同情景下京津冀水资源配置结果的总体目标满意度

情景	原则1	原则2	原则3	原则4	原则5	原则6	原则7	原则8	总体
情景1	1.00	1.00	0.96	0.96	0.98	0.96	1.00	0.9987	0.981
情景2	1.00	1.00	0.96	0.95	0.99	0.95	1.00	0.9979	0.980
情景3	1.00	1.00	0.95	1.00	1.00	1.00	1.00	1.0000	0.994
情景4	1.00	1.00	0.96	0.95	1.00	0.95	1.00	0.9978	0.983

3. 2035年不同情景下地区层适配方案

规划期2035年不同情景下京津冀各个地区的水资源配置量见表6.22。

表6.22 2035年不同情景下京津冀地区适配方案　　单位:亿立方米

地区	情景1:低需求-供水不增加	情景2:高需求-供水不增加	情景3:低需求-供水增加	情景4:高需求-供水增加
北京	47.20	48.00	51.01	51.56
天津	33.50	34.50	36.70	42.20
河北	171.70	169.90	179.52	194.94
京津冀	252.40	252.40	267.23	288.70

根据表6.22,①针对情景1,在京津冀供水量不增加的情况下,为保障2035年京津冀地区用水低需求,同时提高京津冀水资源配置的多目标耦合满意度,北京、天津和河北的水资源配置满意度分别为0.93、0.91和0.96。②针对情景2,在京津冀供水量不增加的情况下,为保障2035年京津冀地区用水高需求,同时提高京津冀水资源配置的多目标耦合满意度,北京、天津和河北的水资源配置满意度分别为0.73、0.71和0.74。尽管天津水资源配置

满意度相对较低,但在京津冀水资源配置利用总量中的占比有所提高,达到13.67%。③针对情景3,在京津冀供水量增加的情况下,可充分保障2035年京津冀地区用水低需求,北京、天津和河北的水资源配置满意度均达到1.00。④针对情景4,在京津冀供水量增加的情况下,为保障2035年京津冀地区用水高需求,同时提高京津冀水资源配置的多目标耦合满意度,北京、天津和河北的水资源配置满意度分别为0.79、0.87和0.85。尽管北京水资源配置满意度相对较低,但已达到用水控制上限,且在京津冀水资源配置利用总量中的占比有所提高,达到17.86%。

根据表6.22,2035年情景1、情景2、情景3、情景4的京津冀水资源配置结果的总体目标满意度分别达到0.979、0.978、0.991、0.967,见表6.23。

表6.23　2035年不同情景下京津冀水资源配置结果的总体目标满意度

情景	原则1	原则2	原则3	原则4	原则5	原则6	原则7	原则8	总体
情景1	1.00	1.00	0.94	0.95	0.99	0.95	1.00	0.998 3	0.979
情景2	1.00	1.00	0.93	0.96	0.98	0.96	1.00	0.998 8	0.978
情景3	1.00	1.00	0.93	1.00	1.00	1.00	1.00	1.000 0	0.991
情景4	1.00	1.00	0.93	0.90	1.00	0.90	1.00	0.994 4	0.967

6.1.2.2　产业层适配方案

应用第三章构建的主从递阶协同优化模型,确定规划期2025—2035年不同情景下京津冀各个地区不同产业的水资源配置量。其中,从情景1到情景2,在供水不增加、由低需求转变为高需求的情况下,主要通过减少河北农业用水,增加北京三次产业用水需求和天津第一、第二产业用水需求;从情景1到情景3,在低需求、由供水不增加转变为供水增加的情况下,供水增量主要用于增加京津冀各个地区第一产业和生态的用水需求;从情景2到情景4,在高需求、由供水不增加转变为供水增加的情况下,供水增量主要用于增加京津冀各个地区的三生用水需求;从情景3到情景4,在供水增加、由低需求转变为高需求的情况下,供水增量主要用于增加京津冀各个地区的三生用水需求。

1. 2025年不同情景下产业层适配方案

规划期2025年不同情景下京津冀地区不同产业的水资源配置量见表6.24。

表6.24　2025年不同情景下京津冀地区和产业适配方案　单位：亿立方米

情景	地区	第一产业	第二产业	第三产业	居民生活	生态	总计
情景1：低需求-供水不增加	北京	1.99	2.98	11.13	9.32	19.38	44.80
	天津	7.97	5.55	2.25	5.83	8.90	30.50
	河北	102.00	19.13	8.39	22.29	25.29	177.10
	京津冀	111.96	27.66	21.77	37.44	53.57	252.40
情景2：高需求-供水不增加	北京	2.23	3.00	11.57	9.32	19.38	45.50
	天津	8.47	5.55	2.25	5.83	8.90	31.00
	河北	100.80	19.13	8.39	22.29	25.29	175.90
	京津冀	111.50	27.68	22.21	37.44	53.57	252.40
情景3：低需求-供水增加	北京	2.14	2.98	11.13	9.32	19.40	44.97
	天津	8.55	5.55	2.25	5.83	9.08	31.26
	河北	105.33	19.13	8.39	22.29	25.98	181.12
	京津冀	116.02	27.66	21.78	37.45	54.45	257.35
情景4：高需求-供水增加	北京	2.28	3.00	11.57	9.70	19.45	46.00
	天津	8.47	5.76	2.35	6.10	9.32	32.00
	河北	106.00	19.24	9.36	24.73	27.07	186.40
	京津冀	116.75	28.00	23.28	40.53	55.84	264.40

根据表6.24，①针对情景1，在京津冀供水量不增加的情况下，为保障2025年京津冀地区和产业用水低需求，同时提高京津冀水资源配置结果的总体目标满意度，北京、天津和河北的水资源配置优先保障粮食生产最低用水需求和居民生活用水最低需求。北京、天津和河北第一产业的水资源配置满意度分别为0.93、0.93、0.97，生态环境水资源配置满意度分别为1.00、0.98、0.97。②针对情景2，在京津冀供水量不增加的情况下，为协调2025年京津冀地区和产业用水高需求，提高京津冀水资源配置结果的总体目标满意度，北京、天津和河北的水资源配置优先保障粮食生产最低用水需求和居民生活用水最低需求。同时，协调三次产业水资源配置，并保障水污染排放控制在水生态环境承载阈值范围内。③针对情景3，在京津冀供水量增加的情况下，可充分保障2025年京津冀地区和产业用水低需求，水资源配置满意度均达到1.00。④针对情景4，在京津冀供水量增加的情况下，为协调2025年京津冀地区和产业用水高需求，提高京津冀水资源配置结果的总体目标满意度，北京、天津和河北的水资源配置优先保障粮食生产最低用水需求和居民生活用水需求。同时，提高第二产业和第三产业水资源配置量，并保障水污染排放

控制在水生态环境承载阈值范围内。

根据表6.24,2025年情景1、情景2、情景3、情景4的京津冀地区和产业水资源配置结果的总体目标满意度分别达到0.995、0.968、1.000、0.978,见表6.25。

表6.25 2025年不同情景下京津冀水资源配置结果的总体目标满意度

情景	目标1	目标2	目标3	总体目标
情景1	0.985	1.00	1.00	0.995
情景2	0.903	1.00	1.00	0.968
情景3	1.00	1.00	1.00	1.00
情景4	0.934	1.00	1.00	0.978

注:目标1主要指经济发展目标;目标2主要指社会保障目标;目标3主要指生态环境保护目标(下同)。

2. 2030年不同情景下产业层适配方案

规划期2030年不同情景下京津冀各个地区不同产业的水资源配置量见表6.26。

表6.26 2030年不同情景下京津冀地区和产业适配方案 单位:亿立方米

情景	地区	第一产业	第二产业	第三产业	居民生活	生态	总计
情景1: 低需求- 供水不增加	北京	1.25	2.57	12.09	10.10	19.79	45.80
	天津	7.31	5.26	2.49	6.37	10.07	31.50
	河北	88.80	19.03	9.51	25.11	32.65	175.10
	京津冀	97.36	26.86	24.09	41.58	62.51	252.40
情景2: 高需求- 供水不增加	北京	1.25	2.70	12.47	10.10	19.79	46.31
	天津	7.31	5.47	2.57	6.37	10.07	31.79
	河北	88.00	19.03	9.51	25.11	32.65	174.30
	京津冀	96.56	27.20	24.55	41.58	62.51	252.40
情景3: 低需求- 供水增加	北京	1.34	2.57	12.09	10.10	21.79	47.89
	天津	7.83	5.26	2.49	6.37	11.93	33.88
	河北	92.95	19.03	9.51	25.11	33.65	180.25
	京津冀	102.11	26.86	24.10	41.58	67.37	262.02
情景4: 高需求- 供水增加	北京	2.20	2.70	12.47	10.44	23.19	51.00
	天津	8.00	5.76	2.57	6.61	14.06	37.00
	河北	100.00	19.24	10.40	27.38	43.68	200.70
	京津冀	110.20	27.70	25.44	44.43	80.93	288.70

根据表6.26,①针对情景1,在京津冀供水量不增加的情况下,为保障

2030年京津冀地区和产业用水低需求,同时提高京津冀水资源配置结果的总体目标满意度,北京、天津和河北的水资源配置优先保障粮食生产最低用水需求和居民生活用水最低需求。北京、天津和河北第一产业的水资源配置满意度分别为0.93、0.93、0.96,生态环境水资源配置满意度分别为0.91、0.84、0.97。②针对情景2,在京津冀供水量不增加的情况下,为协调2030年京津冀地区和产业用水高需求,提高京津冀水资源配置结果的总体目标满意度,北京、天津和河北的水资源配置优先保障粮食生产最低用水需求和居民生活用水最低需求。同时,协调三次产业水资源配置,并保障水污染排放控制在水生态环境承载阈值范围内。③针对情景3,在京津冀供水量增加的情况下,可充分保障2030年京津冀地区和产业用水低需求,水资源配置满意度均达到1.00。④针对情景4,在京津冀供水量增加的情况下,为协调2030年京津冀地区和产业用水高需求,提高京津冀水资源配置结果的总体目标满意度,北京、天津和河北的水资源配置优先保障粮食生产最低用水需求和居民生活用水需求。同时,提高第二产业和第三产业水资源配置量,并保障水污染排放控制在水生态环境承载阈值范围内。

根据表6.26,2030年情景1、情景2、情景3、情景4的京津冀地区和产业水资源配置结果的总体目标满意度分别达到0.986、0.937、1.000、0.972,见表6.27。

表6.27 2030年不同情景下京津冀地区水资源配置结果的总体目标满意度

情景	目标1	目标2	目标3	总体目标
情景1	0.957	1.00	1.00	0.986
情景2	0.811	1.00	1.00	0.937
情景3	1.00	1.00	1.00	1.000
情景4	0.917	1.00	1.00	0.972

3. 2035年不同情景下产业层适配方案

规划期2035年不同情景下京津冀各个地区不同产业的水资源配置量见表6.28。

表6.28 2035年不同情景下京津冀地区和产业适配方案 单位:亿立方米

情景	地区	第一产业	第二产业	第三产业	居民生活	生态	总计
情景1:低需求-供水不增加	北京	0.81	2.17	13.13	10.95	20.14	47.20
	天津	6.74	4.85	2.76	6.96	12.19	33.50
	河北	81.19	18.94	10.78	28.3	32.49	171.70
	京津冀	88.74	25.96	26.67	46.21	64.82	252.40

续 表

情景	地区	第一产业	第二产业	第三产业	居民生活	生态	总计
情景2: 高需求- 供水不增加	北京	1.47	2.3	13.14	10.95	20.14	48.00
	天津	7.29	5.3	2.76	6.96	12.19	34.50
	河北	79.39	18.94	10.78	28.3	32.49	169.90
	京津冀	88.15	26.54	26.68	46.21	64.82	252.40
情景3: 低需求- 供水增加	北京	0.84	2.17	13.13	10.95	23.92	51.01
	天津	6.99	4.85	2.76	6.96	15.14	36.70
	河北	80.05	18.94	10.78	28.3	41.45	179.52
	京津冀	87.87	25.96	26.67	46.21	80.51	267.23
情景4: 高需求- 供水增加	北京	2	2.3	13.52	11.32	22.42	51.56
	天津	7.5	5.76	2.83	7.22	18.89	42.20
	河北	91.5	19.24	11.78	30.86	41.56	194.94
	京津冀	101.00	27.30	28.13	49.40	82.87	288.70

根据表6.28,①针对情景1,在京津冀供水量不增加的情况下,为保障2035年京津冀地区和产业用水低需求,同时提高京津冀水资源配置结果的总体目标满意度,北京、天津和河北的水资源配置优先保障粮食生产最低用水需求和居民生活用水最低需求。北京、天津和河北第一产业的水资源配置满意度分别为0.96、0.96、1.00,生态环境水资源配置满意度分别为0.84、0.80、0.78。②针对情景2,在京津冀供水量不增加的情况下,为协调2035年京津冀地区和产业用水高需求,提高京津冀水资源配置结果的总体目标满意度,北京、天津和河北的水资源配置优先保障粮食生产最低用水需求和居民生活用水最低需求。同时,协调三次产业水资源配置,并保障水污染排放控制在水生态环境承载阈值范围内。③针对情景3,在京津冀供水量增加的情况下,可充分保障2035年京津冀地区和产业用水低需求,水资源配置满意度均达到1.00。④针对情景4,在京津冀供水量增加的情况下,为协调2035年京津冀地区和产业用水高需求,提高京津冀水资源配置结果的总体目标满意度,北京、天津和河北的水资源配置优先保障粮食生产最低用水需求和居民生活用水最低需求。同时,提高第二产业和第三产业水资源配置量,并保障水污染排放控制在水生态环境承载阈值范围内。

根据表6.28,2035年情景1、情景2、情景3、情景4的京津冀地区和产业水资源配置结果的总体目标满意度分别达到0.978、0.912、1.000、0.943,见表6.29。

表 6.29　2035 年不同情景下京津冀地区水资源配置结果的总体目标满意度

情景	目标 1	目标 2	目标 3	总体目标
情景 1	0.934	1.00	1.00	0.978
情景 2	0.735	1.00	1.00	0.912
情景 3	1.00	1.00	1.00	1.000
情景 4	0.828	1.00	1.00	0.943

6.2　京津冀水资源与产业结构双向优化适配方案诊断

6.2.1　适配方案适应性诊断

6.2.1.1　"水量、水效与水质"控制的约束性诊断

1. "水量"控制的约束性诊断

依据表 4.1 中的水量控制诊断指标,现状水平年 2019 年京津冀地区水资源配置结果满足式(4.1)中的京津冀地区"水量"控制约束。同时,现状水平年 2019 年京津冀地区的三次产业水资源配置结果满足式(4.1)中的京津冀地区的三次产业"水量"控制约束,进一步验证了"水量"控制约束的有效性。

为此,根据表 6.18、表 6.20 和表 6.22 中的 2025—2035 年不同情景下京津冀地区水资源配置结果,结合表 6.6 中的 2025—2035 年京津冀地区用水需求量,京津冀各个地区的水资源配置量满足式(4.1)中的京津冀地区"水量"控制约束。

根据表 6.24、表 6.26 和表 6.28 中的 2025—2035 年不同情景下京津冀地区三次产业水资源配置结果,结合表 6.15 中的 2025—2035 年京津冀地区三次产业用水需求量,京津冀各个地区三次产业的水资源配置量满足式(4.1)中的京津冀地区的三次产业"水量"控制约束。

2. "水效"控制的约束性诊断

依据表 4.1 中的水效控制诊断指标,现状水平年 2019 年京津冀地区水资源配置结果满足式(4.2)中的京津冀地区"水效"控制约束,进一步验证了"水效"控制约束的有效性。为此,确定 2025—2035 年不同情景下京津冀地区"水效"控制约束,见表 6.30。

表 6.30　2025—2035 年不同情景下京津冀地区"水效"控制约束

情景	地区	2025 年 万元GDP需水量（立方米/万元）	2025 年 人均需水量（立方米/人）	2030 年 万元GDP需水量（立方米/万元）	2030 年 人均需水量（立方米/人）	2035 年 万元GDP需水量（立方米/万元）	2035 年 人均需水量（立方米/人）
情景1：低需求-供水不增加	北京	8.71	203.6	6.93	212.5	5.65	221.7
	天津	15.56	1 873	12.90	192.6	10.95	198.0
	河北	39.61	231.6	31.63	226.0	25.89	220.6
情景2：高需求-供水不增加	北京	9.56	223.5	8.22	251.9	7.23	283.9
	天津	17.25	208.2	15.58	233.1	14.41	261.0
	河北	43.33	254.9	37.29	267.9	32.90	281.6
情景3：低需求-供水增加	北京	8.71	203.7	6.93	212.5	5.65	221.8
	天津	15.56	187.9	12.90	193.1	10.95	198.4
	河北	39.61	233.0	31.63	227.2	25.89	221.6
情景4：高需求-供水增加	北京	9.56	223.5	8.22	251.9	7.23	283.9
	天津	17.25	208.2	15.58	233.1	14.41	261.0
	河北	43.33	254.9	37.29	267.9	32.90	281.6

根据表 6.18、表 6.20 和表 6.22 中的 2025—2035 年不同情景下京津冀地区水资源配置结果，2025—2035 年不同情景下京津冀各个地区"水效"控制结果见表 6.31。

表 6.31　2025—2035 年不同情景下京津冀地区"水效"控制结果

情景	地区	2025 年 万元GDP需水量（立方米/万元）	2025 年 人均需水量（立方米/人）	2030 年 万元GDP需水量（立方米/万元）	2030 年 人均需水量（立方米/人）	2035 年 万元GDP需水量（立方米/万元）	2035 年 人均需水量（立方米/人）
情景1：低需求-供水不增加	北京	8.68	203.0	6.63	203.3	5.23	205.2
	天津	15.19	183.3	12.01	179.5	10.01	181.1
	河北	38.86	227.8	30.86	220.7	24.73	212.0
情景2：高需求-供水不增加	北京	8.52	206.1	6.49	205.5	5.27	208.7
	天津	15.43	186.3	11.72	181.2	10.09	186.5
	河北	38.65	226.3	30.75	219.7	24.52	209.8
情景3：低需求-供水增加	北京	8.72	203.7	6.94	212.5	5.65	221.8
	天津	15.56	187.8	12.91	193.1	10.96	198.4
	河北	39.62	233.0	31.64	227.2	25.89	221.6

续　表

情景	地区	2025 年		2030 年		2035 年	
		万元GDP需水量（立方米/万元）	人均需水量（立方米/人）	万元GDP需水量（立方米/万元）	人均需水量（立方米/人）	万元GDP需水量（立方米/万元）	人均需水量（立方米/人）
情景4：高需求-供水增加	北京	8.62	208.4	7.14	226.3	5.52	224.2
	天津	15.29	192.3	13.45	210.9	11.87	228.1
	河北	38.20	239.8	33.01	253.0	26.12	240.7

根据表6.30和表6.31,2025—2035年不同情景下京津冀各个地区的水资源配置量满足式(4.2)中的京津冀地区"水效"控制约束。

3. "水质"控制的约束性诊断

依据表4.1中的水质控制诊断指标,现状水平年2019年京津冀地区水资源配置结果满足式(4.3)中的京津冀地区"水质"控制约束,进一步验证了"水质"控制约束的有效性。

根据表6.18、表6.20和表6.22中的2025—2035年不同情景下京津冀地区水资源配置结果,2025—2035年不同情景下京津冀各个地区"水质"控制结果见表6.32。

表6.32　2025—2035年不同情景下京津冀地区"水质"控制结果　单位：亿吨

情景	地区	2025 年		2030 年		2035 年	
		第二产业	第三产业	第二产业	第三产业	第二产业	第三产业
情景1：低需求-供水不增加	北京	1.11	2.20	1.11	2.20	1.11	2.20
	天津	2.36	1.06	2.37	1.06	2.36	1.06
	河北	12.79	2.89	12.79	2.89	12.79	2.89
情景2：高需求-供水不增加	北京	1.12	2.28	1.17	2.27	1.18	2.20
	天津	2.36	1.06	2.46	1.09	2.58	1.06
	河北	12.79	2.89	12.79	2.89	12.79	2.89
情景3：低需求-供水增加	北京	1.11	2.20	1.11	2.20	1.11	2.20
	天津	2.36	1.06	2.37	1.06	2.36	1.06
	河北	12.79	2.89	12.79	2.89	12.79	2.89
情景4：高需求-供水增加	北京	1.12	2.28	1.17	2.27	1.18	2.26
	天津	2.45	1.11	2.59	1.09	2.81	1.09
	河北	12.86	3.22	12.93	3.16	12.99	3.15

结合表 6.8 中的 2025—2035 年京津冀地区废水排放量限额,2025—2035 年不同情景下京津冀各个地区的水资源配置量满足式(4.3)中的京津冀地区"水质"控制约束。

6.2.1.2 水资源配置效应适应度诊断

依据表 4.1 中的经济社会综合考量诊断指标,通过实证调研的数据整理分析和专家咨询,取经济社会综合考量指标中人口、GDP、现状用水量、多年平均供水量、区域面积、有效灌溉面积的权重分别为 0.2、0.2、0.15、0.15、0.15、0.15。同时,设定京津冀"地区对"水资源配置量与其水资源配置效应的适应度下限、上限分别为 0.75、1.30。现状水平年 2019 年京津冀"地区对"北京-天津、北京-河北、天津-河北的水资源配置效应适应度诊断结果分别为:0.91、0.94、1.04,进一步验证了水资源配置效应适应度诊断的有效性。

为此,根据表 6.18、表 6.20 和表 6.22 中的 2025—2035 年不同情景下京津冀地区水资源配置结果,得到 2025—2035 年不同情景下京津冀水资源配置效应适应度诊断结果,见表 6.33。

表 6.33　2025—2035 年不同情景下京津冀水资源配置效应适应度诊断结果

情景	地区对	2025 年	2030 年	2035 年
情景 1: 低需求- 供水不增加	北京-天津	0.86	0.85	0.80
	北京-河北	0.92	0.94	0.99
	天津-河北	1.07	1.10	1.24
情景 2: 高需求- 供水不增加	北京-天津	0.86	0.85	0.79
	北京-河北	0.94	0.95	1.02
	天津-河北	1.10	1.12	1.29
情景 3: 低需求- 供水增加	北京-天津	0.84	0.83	0.99
	北京-河北	0.91	0.95	1.03
	天津-河北	1.07	1.15	1.05
情景 4: 高需求- 供水增加	北京-天津	0.84	0.81	0.87
	北京-河北	0.90	0.91	0.96
	天津-河北	1.07	1.13	1.11

根据表 6.33,2025—2035 年不同情景下京津冀各个地区的水资源配置量满足式(4.4)中的水资源配置效应适应度诊断。

6.2.2 适配方案匹配性诊断

6.2.2.1 地区水资源配置效用匹配度诊断

1. 地区用水空间匹配诊断

依据表4.2中的地区用水空间匹配诊断指标,现状水平年2019年京津冀水资源配置"人口分布-水资源"基尼系数、"经济产值-水资源"基尼系数分别为0.094、0.327,即京津冀水资源配置与人口分布高度匹配、与经济产值较匹配,满足式(4.5)中的地区用水空间匹配诊断,进一步验证了地区用水空间匹配诊断的有效性。

为此,根据表6.24、表6.26和表6.28中的2025—2035年不同情景下京津冀地区和产业水资源配置结果,2025—2035年不同情景下京津冀地区和产业的水资源配置量满足式(4.5)中的地区用水空间匹配诊断,见表6.34。

表6.34 2025—2035年不同情景下京津冀地区用水空间匹配诊断结果

情景	2025年		2030年		2035年	
	"人口分布-水资源"基尼系数	"经济产值-水资源"基尼系数	"人口分布-水资源"基尼系数	"经济产值-水资源"基尼系数	"人口分布-水资源"基尼系数	"经济产值-水资源"基尼系数
情景1	0.032	0.335	0.026	0.345	0.016	0.351
情景2	0.027	0.331	0.023	0.342	0.009	0.345
情景3	0.034	0.338	0.021	0.341	0.008	0.344
情景4	0.036	0.339	0.029	0.349	0.014	0.354

根据表6.34,依据表4.3中的基于基尼系数的匹配性评价标准,2025—2035年不同情景下京津冀地区水资源配置量与人口分布高度匹配、与经济产值较匹配。

2. 产业用水空间匹配诊断

依据表4.2中的产业用水空间匹配诊断指标,现状水平年2019年京津冀水资源配置"第二产业产值-水资源"基尼系数、"第三产业产值-水资源"基尼系数分别为0.141、0.052,即京津冀第二产业水资源配置与第二产业产值高度匹配、京津冀第三产业水资源配置与第三产业产值高度匹配,满足式(4.5)中的产业用水空间匹配诊断,进一步验证了产业用水空间匹配诊断的有效性。

为此,根据表6.24、表6.26和表6.28中的2025—2035年不同情景下京津冀地区和产业水资源配置结果,得到2025—2035年不同情景下京津冀用水排污空间匹配诊断结果,见表6.35。

表6.35 2025—2035年不同情景下京津冀产业用水空间匹配诊断结果

情景	2025年		2030年		2035年	
	"第二产业产值-水资源"基尼系数	"第三产业产值-水资源"基尼系数	"第二产业产值-水资源"基尼系数	"第三产业产值-水资源"基尼系数	"第二产业产值-水资源"基尼系数	"第三产业产值-水资源"基尼系数
情景1	0.186	0.049	0.223	0.061	0.257	0.078
情景2	0.187	0.047	0.227	0.060	0.262	0.078
情景3	0.186	0.049	0.223	0.061	0.257	0.078
情景4	0.171	0.051	0.201	0.064	0.220	0.082

根据表6.35,依据表4.3中基于基尼系数的匹配性评价标准,得出结论:不同情景下,2025年、2030年、2035年京津冀地区第二产业水资源配置量与第二产业产值高度匹配、相对匹配、较匹配;2025年、2030年、2035年京津冀地区第三产业水资源配置量与第三产业产值高度匹配。

6.2.2.2 产业水资源配置效用匹配度诊断

1. 产业用水结构与产业结构双向优化诊断

依据表4.2中的产业用水结构合理化诊断指标,现状水平年2019年相对于2019年之前年份,不同情景下京津冀地区和产业水资源配置结果满足式(4.6)中的产业用水结构合理化诊断,进一步验证了产业用水结构合理化诊断的有效性。

为此,根据表6.24、表6.26和表6.28中的2019—2035年不同情景下京津冀地区和产业水资源配置结果,2019—2035年不同情景下京津冀地区产业用水结构变化见表6.36。

表6.36 2019—2035年不同情景下京津冀地区产业用水结构变化

情景	诊断指标	地区	2019年	2025年	2030年	2035年
情景1	第一产业用水结构占比	北京	9.0%	4.4%	2.7%	1.7%
		天津	32.7%	26.1%	23.2%	20.1%
		河北	63.4%	57.6%	50.7%	47.3%
	第二产业与第三产业用水结构比	北京	0.34	0.27	0.21	0.17
		天津	3.03	2.47	2.11	1.76
		河北	3.14	2.28	2.00	1.76

续 表

情景	诊断指标	地区	2019 年	2025 年	2030 年	2035 年
情景2	第一产业用水结构占比	北京	9.0%	4.9%	2.7%	3.1%
		天津	32.7%	27.3%	23.0%	21.1%
		河北	63.4%	57.3%	50.5%	46.7%
	第二产业与第三产业用水结构比	北京	0.34	0.26	0.22	0.18
		天津	3.03	2.47	2.13	1.92
		河北	3.14	2.28	2.00	1.76
情景3	第一产业用水结构占比	北京	9.0%	4.8%	2.8%	1.6%
		天津	32.7%	27.4%	23.1%	19.0%
		河北	63.4%	58.2%	51.6%	44.6%
	第二产业与第三产业用水结构比	北京	0.34	0.27	0.21	0.17
		天津	3.03	2.47	2.11	1.76
		河北	3.14	2.28	2.00	1.76
情景4	第一产业用水结构占比	北京	9.0%	5.0%	4.3%	3.9%
		天津	32.7%	26.5%	21.6%	17.8%
		河北	63.4%	56.9%	49.8%	46.9%
	第二产业与第三产业用水结构比	北京	0.34	0.26	0.22	0.17
		天津	3.03	2.45	2.24	2.04
		河北	3.14	2.06	1.85	1.63

表 6.36 中，2025—2035 年不同情景下京津冀地区和产业的水资源配置量满足式(4.6)中的产业用水结构合理化诊断。

同时，依据表 4.2 中的产业结构高级化诊断指标，根据表 6.24、表 6.26 和表 6.28 中的 2025—2035 年不同情景下京津冀地区和产业水资源配置结果，2025—2035 年不同情景下京津冀地区产业结构高级化结果见表 6.37。

表 6.37　2025—2035 年不同情景下京津冀地区产业结构高级化结果

情景	诊断指标	地区	2019 年	2025 年	2030 年	2035 年
情景1	第三产业结构占比	北京	83.52%	85.37%	86.75%	87.96%
		天津	63.45%	69.50%	73.56%	77.17%
		河北	51.24%	56.11%	60.64%	63.63%
	第二产业与第三产业结构比	北京	0.19	0.17	0.15	0.14
		天津	0.56	0.43	0.35	0.29
		河北	0.76	0.60	0.50	0.43

续 表

情景	诊断指标	地区	2019 年	2025 年	2030 年	2035 年
情景 2	第三产业结构占比	北京	83.52%	85.75%	86.54%	87.27%
		天津	63.45%	69.45%	73.44%	75.57%
		河北	51.24%	56.18%	60.69%	63.76%
	第二产业与第三产业结构比	北京	0.19	0.16	0.15	0.14
		天津	0.56	0.43	0.35	0.31
		河北	0.76	0.60	0.50	0.43
情景 3	第三产业结构占比	北京	83.52%	85.36%	86.74%	87.96%
		天津	63.45%	69.45%	73.52%	77.15%
		河北	51.24%	55.92%	60.38%	63.71%
	第二产业与第三产业结构比	北京	0.19	0.17	0.15	0.14
		天津	0.56	0.43	0.35	0.29
		河北	0.76	0.60	0.50	0.43
情景 4	第三产业结构占比	北京	83.52%	85.74%	86.45%	87.52%
		天津	63.45%	69.61%	72.40%	74.52%
		河北	51.24%	58.46%	61.87%	64.69%
	第二产业与第三产业结构比	北京	0.19	0.16	0.15	0.14
		天津	0.56	0.42	0.37	0.33
		河北	0.76	0.54	0.46	0.40

表 6.37 中，2025—2035 年不同情景下京津冀地区和产业的水资源配置量满足式(4.6)中的产业结构高级化诊断。

2. 产业用水结构与产业结构协调诊断

依据表 4.2 中的产业用水结构与产业结构协调诊断指标，首先，计算 1990—2019 年京津冀地区产业用水结构粗放度、产业结构偏水度、产业用水结构与产业结构协调度，见图 6.1～图 6.3。

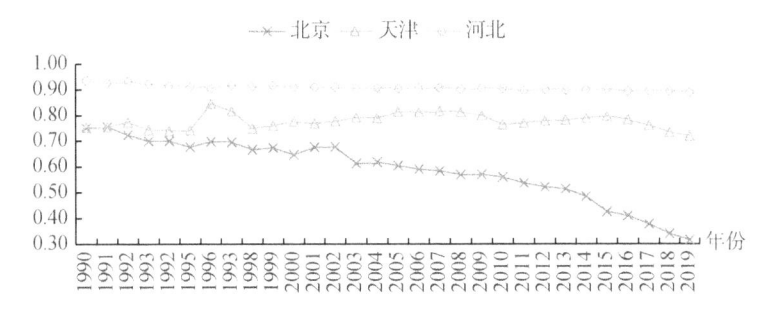

图 6.1 京津冀地区产业用水结构粗放度

图 6.1 中,京津冀地区产业用水结构粗放度计算结果为:0.3＜北京＜天津＜河北＜1。京津冀地区产业用水结构对用水效率较低产业的偏向程度:河北＞天津＞北京,即从京津冀地区产业用水结构角度考虑,河北用水效率最低,天津次之,北京最高。北京产业用水结构粗放度呈显著下降态势,津冀地区产业用水结构粗放度无显著变化,表明北京产业用水结构不断优化。

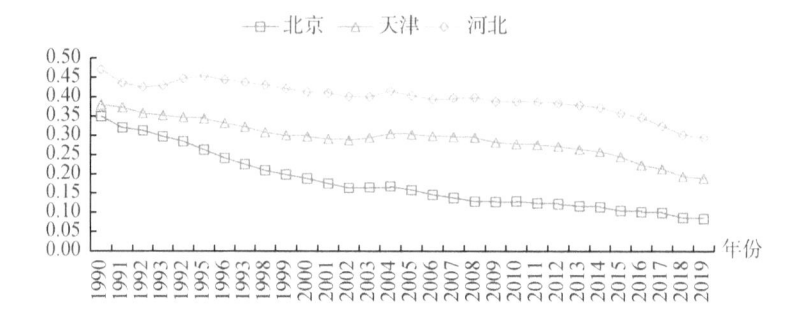

图 6.2　1990—2019 年京津冀地区产业结构偏水度

图 6.2 中,1990—2019 年京津冀地区产业结构偏水度计算结果为:0＜北京＜天津＜河北＜0.5。京津冀地区产业结构对用水效率较低产业的偏向程度:河北＞天津＞北京,即从产业结构角度考虑,河北用水效率最低,天津次之,北京最高。同时京津冀地区产业结构偏水度呈小幅波动下降态势,表明京津冀三地用水效率呈不断提高的趋势,产业结构不断优化。

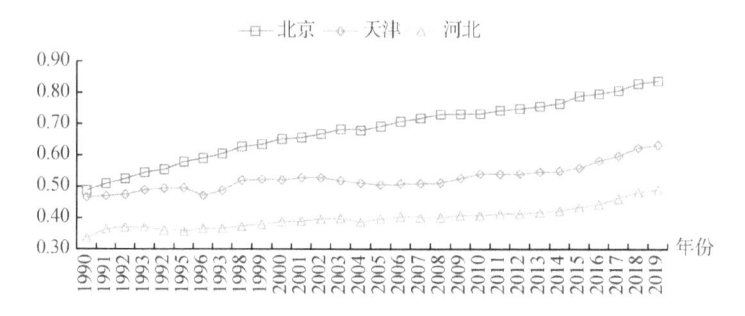

图 6.3　1990—2019 年京津冀地区产业用水结构与产业结构协调度

图 6.3 中,京津冀地区产业用水结构与产业结构协调度呈上升态势,表明京津冀地区产业结构与用水结构越来越协调。其中,北京产业用水结构与产业结构协调度最高,天津次之,河北最低。

依据表 4.4 京津冀地区产业用水结构与产业结构协调性评价标准,京津冀地区产业用水结构与产业结构协调性评价结果表现为:①1990 年北京产业用水结构与产业结构较不协调;1991—2011年,北京产业用水结构与产业结构较协调;2012—2019年,北京产业用水结构与产业结构进入协调状态。②1990—1997年,天津产业用水结构与产业结构较不协调;1998—2019年,天津产业用水结构与产业结构进入较协调状态,仅2005年为较不协调状态;③1990—2019年,河北产业用水结构与产业结构始终处于较不协调状态。评价结果进一步验证了产业用水结构与产业结构协调诊断的有效性。

为此,通过1990—2019年京津冀各个地区产业用水结构与产业结构协调程度的现状差异对比与专家咨询,设定北京、天津、河北产业用水结构与产业结构协调性诊断的阈值分别为0.85、0.60、0.51。根据表6.24、表6.26和表6.28中的2025—2035年不同情景下京津冀地区和产业水资源配置结果,2025—2035年不同情景下京津冀地区和产业的水资源配置量满足式(4.7)中的产业用水结构与产业结构协调度诊断,见表6.38。

表6.38 2025—2035年不同情景下京津冀地区产业用水结构与产业结构协调度诊断结果

情景	年份	北京			天津			河北		
		产业用水结构粗放度	产业结构偏水度	产业用水结构与产业结构协调度	产业用水结构粗放度	产业结构偏水度	产业用水结构与产业结构协调度	产业用水结构粗放度	产业结构偏水度	产业用水结构与产业结构协调度
情景1	2025	0.22	0.07	0.87	0.68	0.16	0.67	0.86	0.27	0.52
	2030	0.16	0.07	0.90	0.66	0.14	0.70	0.84	0.24	0.55
	2035	0.12	0.06	0.92	0.64	0.12	0.73	0.82	0.23	0.57
情景2	2025	0.22	0.07	0.87	0.69	0.16	0.67	0.86	0.27	0.52
	2030	0.16	0.07	0.90	0.65	0.14	0.70	0.84	0.24	0.55
	2035	0.15	0.06	0.90	0.65	0.13	0.71	0.81	0.23	0.57
情景3	2025	0.22	0.07	0.87	0.69	0.16	0.67	0.86	0.27	0.51
	2030	0.16	0.07	0.90	0.67	0.14	0.70	0.84	0.25	0.54
	2035	0.12	0.06	0.91	0.64	0.12	0.72	0.82	0.23	0.57
情景4	2025	0.22	0.07	0.87	0.68	0.16	0.67	0.86	0.26	0.53
	2030	0.20	0.07	0.88	0.67	0.14	0.69	0.85	0.24	0.55
	2035	0.18	0.06	0.89	0.65	0.13	0.71	0.83	0.22	0.57

根据表6.38可知,2025—2035年北京产业用水结构与产业结构为"协调"状态,2025—2035年津冀地区产业用水结构与产业结构为"较协调"状态。

3. 产业用水排污结构与产业结构匹配诊断

通过实证调研分析与专家咨询,设定京津冀各个地区产业用水结构与产业结构、排污结构与产业结构匹配性诊断的阈值 α^*、β^* 分别为 0.6、0.9。现状水平年 2019 年京津冀"地区对"北京-天津、北京-河北、天津-河北的第二产业、第三产业的用水结构与其对应的产业结构匹配诊断结果最小值分别为 0.89、1.60,进一步验证了产业用水结构与产业结构匹配诊断的有效性。现状水平年 2019 年京津冀"地区对"北京-天津、北京-河北、天津-河北的第二产业、第三产业的排污结构与其对应的产业结构匹配诊断结果最小值分别为 0.93、1.35,进一步验证了产业排污结构与产业结构匹配诊断的有效性。

为此,根据表 6.24、表 6.26 和表 6.28 中的 2025—2035 年不同情景下京津冀地区和产业水资源配置结果,2025—2035 年不同情景下京津冀地区产业用水排污结构与产业结构匹配结果见表 6.39。

表 6.39　2025—2035 年不同情景下京津冀地区产业用水排污结构与产业结构匹配结果

情景	年份	地区对	第二产业 用水结构与产业结构的结构对比	第二产业 排污结构与产业结构的结构对比	第三产业 用水结构与产业结构的结构对比	第三产业 排污结构与产业结构的结构对比
情景 1	2025	北京-天津	0.75	1.00	2.74	1.75
		北京-河北	1.44	0.96	3.45	2.37
		天津-河北	1.93	0.97	1.26	1.36
	2030	北京-天津	0.66	0.95	2.83	1.82
		北京-河北	1.18	0.94	3.40	2.52
		天津-河北	1.80	0.99	1.20	1.38
	2035	北京-天津	0.59	0.90	2.96	1.88
		北京-河北	0.95	0.94	3.21	2.61
		天津-河北	1.62	1.04	1.08	1.39
情景 2	2025	北京-天津	0.77	1.00	2.84	1.76
		北京-河北	1.46	0.97	3.49	2.39
		天津-河北	1.89	0.97	1.23	1.36
	2030	北京-天津	0.66	0.95	2.83	1.82
		北京-河北	1.21	0.94	3.46	2.51
		天津-河北	1.84	0.99	1.22	1.38
	2035	北京-天津	0.59	0.93	2.96	1.94
		北京-河北	0.94	0.93	3.15	2.58
		天津-河北	1.59	1.00	1.06	1.33

续表

情景	规划期	地区对	第二产业 用水结构与产业结构的结构对比	第二产业 排污结构与产业结构的结构对比	第三产业 用水结构与产业结构的结构对比	第三产业 排污结构与产业结构的结构对比
情景3	2025	北京-天津	0.76	0.99	2.80	1.75
		北京-河北	1.46	0.96	3.50	2.36
		天津-河北	1.92	0.97	1.25	1.35
	2030	北京-天津	0.68	0.95	2.91	1.82
		北京-河北	1.16	0.94	3.33	2.51
		天津-河北	1.72	0.99	1.14	1.38
	2035	北京-天津	0.60	0.90	3.00	1.88
		北京-河北	0.92	0.94	3.11	2.61
		天津-河北	1.55	1.04	1.03	1.39
情景4	2025	北京-天津	0.76	1.00	2.78	1.75
		北京-河北	1.43	0.93	3.41	2.29
		天津-河北	1.88	0.93	1.23	1.30
	2030	北京-天津	0.68	0.97	2.95	1.87
		北京-河北	1.18	0.90	3.38	2.41
		天津-河北	1.72	0.93	1.15	1.29
	2035	北京-天津	0.66	0.96	3.33	2.01
		北京-河北	0.95	0.90	3.21	2.49
		天津-河北	1.44	0.93	0.96	1.24

表 6.39 中,针对情景 1,2035 年北京-天津第二产业的用水结构与产业结构匹配程度为 0.59,虽未达到阈值 0.6,但北京、天津的第二产业配置的水资源量均已满足其用水需求。因此,判定北京、天津的第二产业用水结构与产业结构匹配。针对情景 2,2035 年北京-天津第二产业的用水结构与产业结构匹配程度为 0.59,未达到阈值 0.6。同时,北京、天津的第二产业配置的水资源量均未满足其用水需求。因此,判定情景 2 下 2035 年北京、天津的第二产业用水结构与产业结构不匹配。

6.2.3 适配方案协同性诊断

6.2.3.1 地区水资源与经济社会协调度诊断

依据表 4.5 中的协同性诊断指标,首先,计算 1990—2019 年京津冀地区水资源配置利用与经济社会发展的灰关联度、水资源配置利用与经济社会发展的协调度,见图6.4~图6.5。

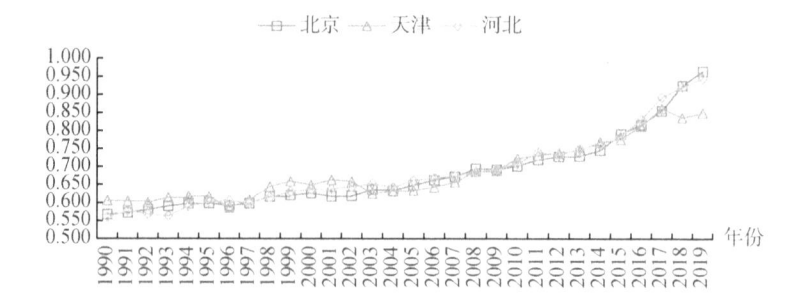

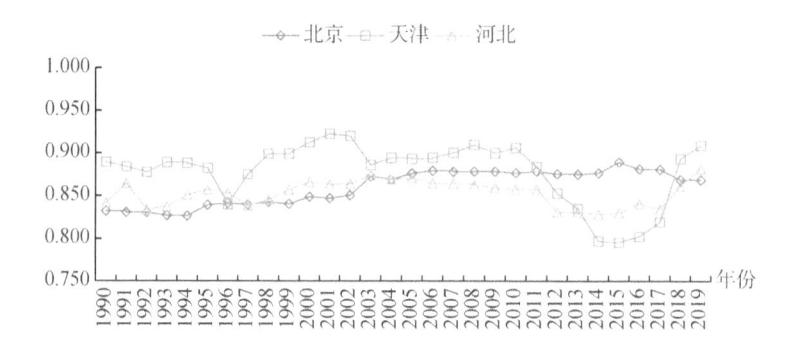

图6.4　1990—2019年京津冀地区水资源配置利用与经济社会发展的灰关联度

根据图6.4,1990—2019年京津冀各个地区之间水资源配置利用与经济社会发展的灰关联度差异较小。北京、天津、河北水资源配置利用与经济社会发展的灰关联度已分别从1990年的0.567、0.605、0.560小幅波动式升至2019年的0.964、0.849、0.945。

图6.5　1990—2019年京津冀地区水资源配置利用与经济社会发展的协调度

根据图6.5,京津冀地区水资源配置利用与经济社会发展的协调度评价结果表现为:北京、天津、河北水资源配置利用与经济社会发展的协调度处于0.8~0.9左右,且差异较大。其中,1990—2019年北京水资源配置利用与经济社会发展的协调度波动幅度较小,且略有上升,2019年达到0.869;1990—2019年天津水资源配置利用与经济社会发展的协调度波动幅度较大,2019年达到0.909;1990—2019年河北水资源配置利用与经济社会发展的协调度前期小幅波动上升、中期波动下降,后期回升,2019年达到0.882。评价结果进一步验证了地区水资源与经济社会协调度诊断的有效性。

为此,通过1990—2019年京津冀各个地区水资源配置利用与经济社会发展的协调度的现状差异对比与专家咨询,设定北京、天津、河北水资源配置利用与经济社会发展的协调度诊断的阈值C^*为0.85。根据表6.24、表6.26和表6.28中的2025—2035年不同情景下京津冀地区和产业水资源配置结果,2025—2035年不同情景下京津冀地区水资源配置利用与经济社会发展的协调度评价结果见表6.40。

表6.40 2025—2035年不同情景下京津冀地区水资源配置利用与经济社会发展的协调度评价结果

情景	年份	北京	天津	河北
情景1	2025	0.888	0.886	0.866
	2030	0.878	0.879	0.875
	2035	0.867	0.873	0.873
情景2	2025	0.880	0.889	0.868
	2030	0.878	0.876	0.875
	2035	0.858	0.864	0.874
情景3	2025	0.886	0.881	0.858
	2030	0.877	0.876	0.864
	2035	0.867	0.872	0.873
情景4	2025	0.878	0.876	0.865
	2030	0.872	0.862	0.876
	2035	0.860	0.854	0.872

表6.40中,2025—2035年不同情景下京津冀地区和产业的水资源配置量满足式(4.14)中的水资源配置利用与经济社会发展的协调度诊断。

6.2.3.2 地区协同度诊断

依据表4.5中的协同性诊断指标,首先,计算1990—2019年京津冀地区之间的协同度,见图6.6。

根据图6.6,京津冀"地区对"协同度评价结果表现为:1990—2019年北京-天津、北京-河北、天津-河北的协同度分别从0.765、0.751、0.762升至0.950、0.977、0.944。评价结果进一步验证了地区地区协同度诊断的有效性。

为此,通过1990—2019年京津冀各个地区之间协同度的现状差异对比与专家咨询,设定京津冀各个地区之间协同度诊断的阈值D^*为0.90。根据表

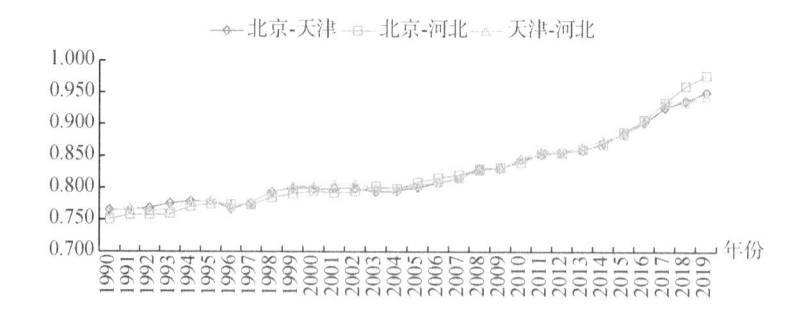

图 6.6 1990—2019 年京津冀地区之间的协同度

6.24、表 6.26 和表 6.28 中的 2025—2035 年不同情景下京津冀地区和产业水资源配置结果，2025—2035 年不同情景下京津冀地区协同度评价结果见表 6.41。

表 6.41 2025—2035 年不同情景下京津冀地区协同度评价结果

情景	年份	北京-天津	北京-河北	天津-河北
情景 1	2025	0.902	0.903	0.904
	2030	0.937	0.941	0.942
	2035	0.988	0.988	0.985
情景 2	2025	0.912	0.914	0.911
	2030	0.949	0.952	0.946
	2035	0.977	0.981	0.981
情景 3	2025	0.901	0.901	0.902
	2030	0.936	0.937	0.938
	2035	0.989	0.989	0.986
情景 4	2025	0.918	0.922	0.914
	2030	0.943	0.949	0.945
	2035	0.980	0.983	0.982

表 6.41 中，2025—2035 年不同情景下京津冀地区和产业的水资源配置量满足式(4.15)中的地区协同度诊断。

6.3 京津冀水资源与产业结构双向优化适配方案优化

2013 年 1 月，国务院颁布《实行最严格水资源管理制度考核办法》，明确了 2020 年和 2030 年京津冀各个地区的用水总量控制目标。在水资源开发利用总量匮乏的条件下,必须更好地发挥政府作用与市场在水资源配置中的决定性作用的有机结合,采取行政手段和市场手段提高水资源优化配置的效应和效用。从经济效率的角度来看,同一单位水资源在北京会产生更大的经济效益。根据表 6.15 中 2025—2035 年京津冀地区三次产业用水需求量和表 6.24、表 6.26、表 6.28 中 2025—2035 年不同情景下京津冀地区和产业水资源配置结果,通过河北向北京调水可提高水资源利用效率与综合效益,能够创造更大的经济价值。对于受损方河北,京津地区给予合理的经济补偿。在用水总量控制约束下,情景 1 和情景 3 主要针对京津冀地区三次产业的最低用水需求量进行水资源配置。为此,选取情景 2 和情景 4 进行京津冀地区之间的水权交易,进行适配方案优化,见表 6.42。

表 6.42 情景 2 和情景 4 下 2025—2035 年京津冀地区适配方案优化结果

情景	地区	2025 年	2030 年	2035 年
情景 2	北京	45.95	47.06	49.54
	天津	31.31	32.08	35.03
	河北	175.14	173.26	167.83
	京津冀	252.40	252.40	252.40
情景 4	北京	46.45	51.75	52.71
	天津	32.00	37.00	42.20
	河北	185.95	199.95	193.79
	京津冀	264.40	288.70	288.70

1. 情景 2 下适配方案优化

根据表 6.42,针对情景 2,①将 2025 年北京、天津、河北的水资源配置量调整为 45.95 亿立方米、31.31 亿立方米、175.14 亿立方米。即北京增加了 0.45 亿立方米、0.31 亿立方米水资源配置量,而河北减少了 0.76 亿立方米水资源配置量。相应的,北京、天津的 GDP 分别增加了 470.72 亿元、181.91 亿元,而河北 GDP 减少了 175.38 亿元。为此,将北京、天津对河北的单位水资源补偿单价分别定为"地区对"北京-河北、天津-河北的单方水利用效益的均值,则北京对河北、天津对河北的水资源补偿总效益分别为 287.28 亿元、127.16 亿元。最终通过利益补偿,北京、天津和河北的 GDP 分别增加了 183.44 亿元、54.75 亿元、239.06 亿元。

②将 2030 年北京、天津、河北的水资源配置量调整为 47.06 亿立方米、32.08 亿立方米、173.26 亿立方米。即北京、天津分别增加了 0.75 亿立方米、

0.29亿立方米水资源配置量,而河北减少了1.04亿立方米水资源配置量。相应的,北京、天津的GDP分别增加了912.55亿元、186.17亿元,而河北GDP减少了278.87亿元。为此,将北京、天津对河北的单位水资源补偿单价分别定为"地区对"北京-河北、天津-河北的单方水利用效益的均值,则北京对河北、天津对河北的水资源补偿总效益分别为556.83亿元、131.97亿元。最终通过利益补偿,北京、天津和河北的GDP分别增加了355.72亿元、54.21亿元、409.93亿元。

③将2035年北京、天津、河北的水资源配置量调整为49.54亿立方米、35.03亿立方米、167.83亿立方米。即北京、天津分别增加了1.54亿立方米、0.53亿立方米水资源配置量,而河北减少了2.07亿立方米水资源配置量。相应的,北京、天津的GDP分别增加了2 125.41亿元、370.50亿元,而河北GDP减少了629.66亿元。为此,将北京、天津对河北的单位水资源补偿单价分别定为"地区对"北京-河北、天津-河北的单方水利用效益的均值,则北京对河北、天津对河北的水资源补偿总效益分别为1296.41亿元、266.38亿元。最终通过利益补偿,北京、天津和河北的GDP分别增加了829亿元、104.13亿元、933.13亿元。

情景2下2025—2035年京津冀地区和产业适配方案优化结果见表6.43。

表6.43　情景2下2025—2035年京津冀地区和产业适配方案优化结果

年份	地区	第一产业	第二产业	第三产业	居民生活	生态	总计
2025	北京	2.23	3.45	11.57	9.32	19.38	45.95
	天津	8.47	5.76	2.35	5.83	8.90	31.31
	河北	100.04	19.13	8.39	22.29	25.29	175.14
	京津冀	110.74	28.34	22.31	37.44	53.57	252.40
2030	北京	1.25	3.45	12.47	10.10	19.79	47.06
	天津	7.31	5.76	2.57	6.37	10.07	32.08
	河北	86.96	19.03	9.51	25.11	32.65	173.26
	京津冀	95.52	28.24	24.55	41.58	62.51	252.40
2035	北京	1.47	3.45	13.52	10.95	20.14	49.54
	天津	7.29	5.76	2.83	6.96	12.19	35.03
	河北	77.32	18.94	10.78	28.30	32.49	167.83
	京津冀	86.08	28.15	27.14	46.21	64.82	252.40

表6.43中,2025年,北京增加了第二产业水资源配置量0.45亿立方米,

天津第二产业、第三产业分别增加了水资源配置量 0.21 亿立方米、0.10 亿立方米,河北减少了第一产业水资源配置量 0.76 亿立方米。

2030 年,北京增加了第二产业水资源配置量 0.75 亿立方米,天津增加了第二产业水资源配置量 0.29 亿立方米,河北减少了第一产业水资源配置量 1.04 亿立方米。

2035 年,北京第二产业、第三产业分别增加了水资源配置量 1.15 亿立方米、0.38 亿立方米,天津第二产业、第三产业分别增加了水资源配置量 0.46 亿立方米、0.07 亿立方米,河北减少了第一产业水资源配置量 2.07 亿立方米。

2. 情景 4 下适配方案优化

根据表 6.41,针对情景 4,①将 2025 年北京、天津、河北的水资源配置量调整为 46.25 亿立方米、32.00 亿立方米、185.95 亿立方米。即北京增加了 0.45 亿立方米水资源配置量,而河北减少了 0.45 亿立方米水资源配置量。相应的,北京的 GDP 增加了 470.72 亿元,而河北 GDP 减少了 103.85 亿元。为此,将北京对河北的单位水资源补偿单价定为"地区对"北京-河北的单方水利用效益的均值,则北京对河北的水资源补偿总效益为 287.28 亿元。最终通过利益补偿,北京和河北的 GDP 分别增加了 183.44 亿元、183.44 亿元。

②将 2030 年北京、天津、河北的水资源配置量调整为 51.75 亿立方米、37.00 亿立方米、199.95 亿立方米。即北京增加了 0.75 亿立方米水资源配置量,而河北减少了 0.75 亿立方米水资源配置量。相应的,北京的 GDP 增加了 918.29 亿元,而河北 GDP 减少了 201.10 亿元。为此,将北京对河北的单位水资源补偿单价定为"地区对"北京-河北的单方水利用效益的均值,则北京对河北的水资源补偿总效益为 560.33 亿元。最终通过利益补偿,北京和河北的 GDP 分别增加了 357.96 亿元、359.23 亿元。

③将 2035 年北京、天津、河北的水资源配置量调整为 52.71 亿立方米、42.20 亿立方米、193.79 亿立方米。即北京增加了 1.15 亿立方米水资源配置量,而河北减少了 1.15 亿立方米水资源配置量。相应的,北京的 GDP 增加了 1596.06 亿元,而河北 GDP 减少了 349.56 亿元。为此,将北京对河北的单位水资源补偿单价定为"地区对"北京—河北的单方水利用效益的均值,则北京对河北的水资源补偿总效益为 973.53 亿元。最终通过利益补偿,北京和河北的 GDP 分别增加了 622.53 亿元、623.96 亿元。情景 4 下 2025—2035 年京津冀地区和产业适配方案优化结果见表 6.44。

表 6.44　情景 4 下 2025—2035 年京津冀地区和产业适配方案优化结果

年份	地区	第一产业	第二产业	第三产业	居民生活	生态	总计
2025	北京	2.28	3.45	11.57	9.70	19.45	46.45
	天津	8.47	5.76	2.35	6.10	9.32	32.00
	河北	105.55	19.24	9.36	24.73	27.07	185.95
	京津冀	116.30	28.45	23.28	40.53	55.84	264.40
2030	北京	2.20	3.45	12.47	10.44	23.19	51.75
	天津	8.00	5.76	2.57	6.61	14.06	37.00
	河北	99.25	19.24	10.40	27.38	43.68	199.95
	京津冀	109.45	28.45	25.44	44.43	80.93	288.70
2035	北京	2.00	3.45	13.52	11.32	22.42	52.71
	天津	7.50	5.76	2.83	7.22	18.89	42.20
	河北	90.35	19.24	11.78	30.86	41.56	193.79
	京津冀	99.85	28.45	28.13	49.40	82.87	288.70

表 6.44 中，2025 年、2030 年、2035 年，北京、天津、河北分别增加了第二产业水资源配置量 0.45 亿立方米、0.75 亿立方米、1.15 亿立方米，2025 年、2030 年、2035 年，河北分别减少了第一产业水资源配置量 0.45 亿立方米、0.75 亿立方米、1.15 亿立方米。

第七章
京津冀水资源与产业结构双向优化适配方案实施的制度创新研究

本书面向新时期京津冀协同发展的水利战略需求,贯彻落实"以水定产"绿色发展理念,强化最严格水资源管理制度约束,确定京津冀水资源与产业结构双向优化适配的推荐方案;因地制宜进行京津冀水资源适与产业结构双向优化适配方案实施的制度创新,如利益相关者-管理者的协商机制、目标责任机制、监控调度管理机制、"节奖超罚"和"奖优罚劣"激励惩罚机制、信息机制、利益整合机制等制度,提出保障适配方案实施的政策建议,有利于为京津冀政府部门制定京津冀协同发展、水资源优化配置、产业结构优化升级等宏观政策制度提供决策参考。

7.1 适配方案实施的事前控制制度

事前控制制度主要是指京津冀水资源与产业结构双向优化适配方案制定并实施前,与之相关的控制制度。事前控制制度也是从源头上保障京津冀水资源与产业结构双向优化适配方案得以合理制定并对其加以控制的相关制度。

7.1.1 总量控制和定额管理制度

由于京津冀水资源与产业结构双向优化适配方案设计时行政方式仍占据绝对支配地位,因此必须加强政府的宏观调控,充分贯彻落实总量控制制度。同时,将总量控制和定额管理有机结合起来,结合总量控制指标,核定不同产业或用水行业的用水定额。为此,在进行京津冀水资源与产业结构双向优化适配方案设计时,应严格遵循《水法》中"对用水实行总量控制和定额管理相结合"的制度规定,确定各类用水户的合理用水量,为京津冀水资源与产业结构双向优化适配方案设计奠定基础。认真修订各地区、各行各业的用水定额,实行京津冀地区三次产业及农业、工业、服务业等行业定额管理,以各行各业的用水定额为主要依据核算京津冀地区的用水总量,作为宏观总量控制指标。京津冀各省区水资源配置利用量之和不可超过京津冀总量控制指标,京津冀各省区水资源配置利用量不可超过省区总量控制指标。在总量控制的基础上,以水定产,以水定发展,使人口数量、经济发展规模、生态环境保护在水资源可承载能力范围之内。

严格执行京津冀水利协同发展专项规划规定的用水总量控制指标和节约用水控制指标,科学地进行京津冀水资源配置。京津冀水资源与产业结构双向优化适配方案设计的适应性诊断指标体系主要包括"水量、水效、水质"控制约束性指标和水资源配置效应适应度诊断指标。其中,"水量"控制约束性指标:以京津冀地区水资源可利用量、京津冀地区三次产业取水量与耗水量作为水量控制指标。"水质"控制性约束指标:根据水功能区确定的水质保护目标,以主要污染物指标作为水质的控制性指标。在京津冀水资源与产业结构双向优化适配方案设计的"水量"与"水质"控制约束中,必须按照京津冀水利协同发展专项规划设定的指标,如限制排污总量与水功能区达标率、省际边界重点地区河流断面水质控制浓度,确定不同河流的水资源承载能力。并根据水功能区,规定其职权范围内不同河段的排污限额,促进京津冀水资源与产业结构双向优化适配方案顺利实施。

7.1.2　政治民主协商与用水户参与制度

从宏观和微观两个层面,达成京津冀水资源与产业结构双向优化适配方案制定的共识机制。宏观层面上,设立京津冀各省区水资源相关利益主体平等参与的京津冀水资源协调管理委员会,完善京津冀用水政治民主协商制度,明确规定协商原则和程序,加强工业和农业、生产用水和生态环境用水、省区之间和部门之间用水冲突的政治民主协商。微观层面上,加强用水户的广泛参与,积极鼓励基层用水户建立各种形式的用水组织,逐步完善各级用水户委员会,使其积极参与到京津冀整体的水事务管理和共同治理中。

7.1.3 动态分水方案制定制度

充分考虑不同枯水年份京津冀各省区的降雨特征和用水过程,制定符合京津冀水资源变化规律的动态分水方案。在新一轮的京津冀水资源调查评价的基础上,将京津冀地表水资源、地下水资源、污水处理回用的再生水资源、外调水资源统一纳入分水方案,建立并完善地下水可开采总量控制制度。

7.2 适配方案实施的事中控制制度

事中控制制度主要是指京津冀水资源与产业结构双向优化适配方案制定并实施时,与之相关的控制制度。事中控制制度也是保障制定好的京津冀水资源与产业结构双向优化适配方案得以顺利实施的相关制度。京津冀水资源与产业结构双向优化适配方案实施时,应将政府调控与市场机制相结合,充分发挥政府"有形之手"和市场"无形之手"的共同作用。

7.2.1 监控调度管理机制

7.2.1.1 建立科学的监察监控机制

京津冀水资源协调管理机构负责京津冀水资源与产业结构双向优化适配年度方案的落实和对地区分水、配水情况进行监督检查。京津冀水资源与产业结构双向优化适配方案在调度实施过程中,需要有效的监控机制作为保障。为确保京津冀水资源与产业结构双向优化适配方案的实施,应依靠科学的监控机制、先进的监控设备,建立集降雨、径流预报、用水预测、水库调度、河段配水模型于一体的具有现代化手段和设备的水量调度系统,加强京津冀水资源协调管理机构的监控能力,及时采集并处理各种水资源信息,实现对水库、取水口以及水利工程的控制和调节。

完善用水监测网络,通过在京津冀的各取水口设立闸管所,监控辖区内取用水情况。通过取水口的年审工作监督取水口用水计划的落实情况,实时执行京津冀地区水行政主管部门的水量调度指令,同时负责京津冀各省区内供水工程的运行观测、维修养护等日常工作,最终确保京津冀各省区获得相应的水资源配置量。同时建立水量调度快速反应机制,以水利工程体系为基础,设计京津冀水量调度管理系统,借助模拟优化仿真,实现科学调度,以保证京津冀水资源配置结果的全面落实。

7.2.1.2 建立灵活的调度管理机制

京津冀水资源与产业结构双向优化适配方案的实施靠严格的调度实现，这是一个复杂的系统工程，必须通过强有力的管理措施和监测手段才能达到。因此，可按照丰增枯减的调度原则，编制京津冀水资源与产业结构双向优化年度分配和调度方案，并报水利部批准，组织月、旬水量调度方案和实时调度方案的编制和实施。同时，将年度水量分配作为"原则性"控制指标，督促省区调度部门做好年度用水计划，以更充分发挥月、旬调度的灵活性。并随着调度水平的提高，进一步将月度水量分配上升为原则性控制指标。

此外，京津冀水情复杂，水资源具有年际和年内变化大的特点，水资源利用还需协调防洪防凌、抗旱排涝、生态和发电等多目标，京津冀水量调度部门应制定水量调度应急对策预案，加强对水资源危机管理的能力建设和特殊情况下的对策措施，保证紧急用水状态下的供水优先顺序和用水计划的执行。对关键性的水库工程和取水闸门，应由京津冀水资源协调管理机构直接调度或实行管制。对于目前难以直接管制的重要取水口，如果连续超指标取水，应临时收归京津冀水资源协调管理机构直接管制。

7.2.2 取水许可统计制度

京津冀水资源协调管理机构负责各省区用水总量控制指标的落实，根据京津冀水资源配置的总量指标，京津冀地区水资源开发利用项目须经京津冀水资源协调管理机构审查同意后，才能按基本建设程序履行审批程序。严格审批新改扩建项目的取水许可预申请和取水许可申请。对未经京津冀水资源协调管理机构审查同意违法建设的项目，由京津冀水资源协调管理机构提出处理意见，地方政府和有关司法部门应采取措施，责令停止违法行为并采取补救措施。

同时，加强京津冀取水计量设施的监督管理，建立和完善取水统计制度，加强京津冀各省区上报引用水数据的复核，严厉处罚用水信息弄虚作假行为。在完善京津冀水资源协调管理机构用水监测网络的前提下，京津冀各省区自报的用水数据仅作为重要参考，以京津冀水资源协调管理机构最终发布的数据作为奖惩依据。

7.2.3 水权置换制度

随着最严格水资源管理制度的全面落实与实行，京津冀将加强对所辖省

(市)区的用水总量控制,水资源配置调整的压力不断加大。通过市场机制培育省(市)区间、省(市)区内行业水权置换的情况将会越来越多。因此,必须建立并完善缺水地区的水权置换制度,通过行业水权置换来调整地区产业结构升级和优化。一方面,倒逼农户种植结构优化,减少高耗水农作物,扩大水耗少、效益高的经济作物,优化农业经济结构;另一方面,优化置入方产业结构和节水效率,根据产业转型升级要求,使水权置入方满足缺水地区产业政策导向。

7.3 适配方案实施的事后控制制度

事后控制制度主要是指京津冀水资源与产业结构双向优化适配方案制定并实施后,与之相关的控制制度。事后控制制度也是京津冀水资源适与产业结构双向优化适配方案顺利实施后采取的相关制度。

7.3.1 激励惩罚机制

从奖励和惩罚两个方面完善激励惩罚机制。一方面,对在执行年度分水方案中表现突出的省(市),以及因主动节水而减少用水量的省(市),应考虑给予一定的经济补偿或奖励;另一方面,为维护分配规则的权威性,在实际操作中严格执行处罚规定,即对不执行调度计划超指标用水的省(市)或单位,核减用水指标,在超计划月份之后相邻的一个月或几个月内扣除。同时,对超计划引水施行惩罚性加价收费。并建立行政领导责任追究制,重点惩罚超计划引水和隐瞒用水问题。制定较严厉的处罚规定,包括违约事实的认定标准,处罚等级的确定等,并赋予京津冀水量调度管理部门相应的处罚权限。同时,对在调度过程中严重违反分水计划、拒不执行调度指令的用户,京津冀水资源协调管理机构可以在媒体上对其进行曝光。

7.3.2 信息披露机制

京津冀水资源协调管理机构应在每年的京津冀地区水资源公报中对分水方案的年度执行情况进行明确反映。更为全面地定期公布京津冀各省(市)、重要灌区和大的用水户的用水信息,包括分配水量、实际取水量和耗水量、排污量、用水效率、水价等相关指标,全面反映京津冀的用水信息。此外,采取多种形式,向社会各阶层广泛深入开展黄河水情知识的宣传,普及水法律法规知识,通过长期的宣传教育,增强人们的水忧患意识、节水意识和水权意识。

7.3.3 利益整合机制

考虑引入年度水量结算制度,在下一年水量分配和调度预案实施之前,以上一年水量分配方案为依据进行年度水量结算。超引省(市)应对超指标水量付出代价,补偿收入定向用于对利益受损地区的事后补偿,建立健全利益补偿机制,逐步从事后补偿向事前协商补偿形式过渡。

第八章
结论与展望

京津冀协同发展下水资源与产业结构双向优化适配是一项多层次、多目标、多群体的复杂系统决策问题。本书基于水资源配置理论与适应性管理视角，探讨了一种基于复合系统优化思想的三阶段适配方法，其目标是保障京津冀地区及其产业的水资源得到合理配置，体现京津冀地区水资源配置与其经济社会发展目标的适应性、京津冀水资源配置与地区及其产业的匹配性、京津冀地区水资源利用与经济社会发展的协调性，实现京津冀地区之间的协同有序发展，优化京津冀整体的社会经济综合效益。

8.1 主要结论

1. 提出了"京津冀协同发展下水资源与产业结构双向优化适配"理论框架

在深入剖析国内外水资源配置理论与实践成果的基础上，基于水资源配置理论、复杂系统理论、多目标决策理论等基础理论，从复杂系统理论和适应性管理视角出发，构建了京津冀协同发展下水资源与产业结构双向优化适配的理论框架，建立了京津冀协同发展下水资源与产业结构双向优化适配的"方案设计—方案诊断—方案优化"的"三步走"适应性管理思路；第一步，构建了京津冀水资源与产业结构双向优化适配方案设计的多目标耦合投影寻踪模型和主从递阶协同优化模型，初步设计了京津冀地区层与产业层适配方案；第二步，构建了京津冀水资源与产业结构双向优化适配方案的诊断体系，对设计的京津冀水资源与产业结构双向优化适配方案进行诊断；第三步，根据诊断结果，构建了京津冀水资源与产业结构双向优化适配方案的优化机制与方法，对设计的京津冀水资源与产业结构双向优化适配进行优化。从而优化京津冀产业结构布局，实现京津冀地区及其产业水资源的合理性配置。

2. 构建了京津冀水资源与产业结构双向优化适配方案设计模型

首先，在系统阐述京津冀水资源与产业结构发展概况基础上，提出了京津冀地区的产业用水量估算方法、京津冀水资源与产业结构的关联度测算方法、京津冀地区产业用水的驱动效应分解模型，确定了京津冀地区产业用水弹性系数及其驱动效应。其次，提出了京津冀水资源与产业结构双向优化适配的理念、层次和目标；然后，明确了京津冀地区层适配方案设计的关键影响因素，构建了多目标耦合投影寻踪模型，初步确定京津冀地区层适配方案。最后，确定了京津冀产业层适配方案设计的目标函数与约束条件，构建了主从递阶协同优化模型，初步确定了京津冀产业层适配方案。最终，设计了京津冀水资源与产业结构双向优化适配方案。

3. 构建了京津冀水资源与产业结构双向优化适配方案诊断体系

针对设计的京津冀水资源与产业结构双向优化适配方案，在京津冀协同发展下，首先，构造了适应性诊断准则，采用理想解法，构建了基于适应性诊断准则的诊断指标与模型，充分考虑京津冀地区相关利益主体的利益诉求，诊断京津冀地区水资源配置与其经济社会发展目标的适应性。其次，构造了匹配性诊断准则，构建了基于匹配性诊断准则的诊断指标与模型，诊断京津冀水资源配置与诊断京津冀水资源配置与地区及其产业的匹配性。然后，构造了协同性诊断准则，构建了基于协同性诊断准则的诊断指标与模型，诊断京津冀地区水资源配置与经济社会发展之间的协调性、京津冀地区之间的协同性。最终，诊断京津冀水资源与产业结构双向优化适配方案的合理性。

4. 构建了京津冀水资源与产业结构双向优化适配方案的优化方法

在京津冀水资源与产业结构双向优化适配方案诊断的基础上，首先，明确了京津冀水资源与产业结构双向优化适配方案的优化思路。其次，设计了京津冀水资源与产业结构双向优化适配方案的优化机制。然后，基于利益博弈机制，构建了适配方案调整的地区利益补偿函数，通过对京津冀地区及其产业的水资源配置进行调整，使京津冀水资源与产业结构双向优化适配结果通过诊断体系，优化京津冀整体的社会经济综合效益。

5. 开展了京津冀协同发展下水资源与产业结构双向优化适配研究

将提议构建的模型和方法实证应用于京津冀地区，验证了方法的合理性和可行性。在预测京津冀水资源与产业结构双向优化适配方案设计的模型参数基础上,采用适配方案设计、诊断与优化的研究思路,进行适配方案的设计、诊断与优化。首先,设计了京津冀水资源与产业结构双向优化适配方案。其次,对设计京津冀水资源与产业结构双向优化适配方案进行诊断。然后,对设计京津冀水资源与产业结构双向优化适配方案进行优化。最后,提出了京津冀协同发展下水资源与产业结构双向优化适配方案实施的制度保障。

8.2 研究展望

京津冀协同发展下水资源与产业结构双向优化适配的理论和实践仍处于深入探索阶段,鉴于国内外水资源与产业结构双向优化适配的相关理论和实践研究成果,本书是在水资源配置和适应性管理视角下,对京津冀协同发展下水资源与产业结构双向优化适配研究的一个深入探索,在学科交叉的背景下,由于自身知识的有限和现有资料的局限,本书的研究存在诸多不足,许多问题仍需要进一步拓展,以下一些方面尚待进一步深化:

1. 完善京津冀水资源与产业结构双向优化适配方案的设计模式

针对京津冀水资源与产业结构双向优化适配方案的设计,本书提出了京津冀水资源与产业结构双向优化适配的理念、层次和目标,明确了京津冀地区层适配方案设计的关键影响因素,构建了地区层的多目标耦合投影寻踪模型和产业层的主从递阶协同优化模型,确定了京津冀水资源与产业结构双向优化适配方案。但现有的京津冀水资源与产业结构双向优化适配的层级结构相对简单,与水资源治理的社会生态系统(SES)框架没有有机融合。因此,如何将社会生态系统(SES)框架融入京津冀水资源与产业结构双向优化适配过程中,形成更为完善的京津冀水资源与产业结构双向优化适配层级结构,仍有待进一步深化研究。

2. 完善京津冀水资源与产业结构双向优化适配方案的诊断体系

针对京津冀水资源与产业结构双向优化适配方案的诊断,本书提出了适应性、匹配性和协同性诊断准则,以此为依据相应设计适应性、匹配性和协同性诊断指标,并构建了对应的适应性、匹配性和协同性诊断模型,从而有效诊断出京津冀地区水资源配置与其经济社会发展目标的适应性、京津冀水资源配置与地区及其产业的匹配性、京津冀地区水资源配置与经济社会发展之间的协调性、京津冀地区之间的协同性。但现有的诊断体系没有全面体现新时代"节水优先、空间均衡、系统治理、两手发力"的治水思路。因此,如何贯彻落实"十六字"治水思路,提高京津冀水资源配置的空间均衡性,仍有待进一步深化研究。

3. 完善京津冀水资源与产业结构双向优化适配方案的优化机制

针对京津冀水资源与产业结构双向优化适配方案的优化,本书提出了京津冀水资源与产业结构双向优化适配方案的优化机制。基于利益博弈机制,构建了适配方案调整的地区利益补偿函数,获得了京津冀水资源与产业结构双向优化适配方案,优化了京津冀整体的社会经济综合效益。但采用利益博弈机制对京津冀水资源与产业结构双向优化适配方案进行调整时,水资源减少方获得的利益补偿仍属于依靠行政手段进行的利益调整,没有充分发挥市场在资源配置中的决定性作用。因此,如何完善水市场交易机制,优化京津冀水权交易模式,提高京津冀水资源与产业结构双向优化适配效率,以及水资源减少方的利益补偿,仍有待进一步深化研究。

4. 推进京津冀协同发展下水资源与产业结构双向优化适配

本书以京津冀作为研究对象,将提议构建的水资源与产业结构双向优化适配思路和方法实证应用于京津冀地区,明确了京津冀协同发展下水资源与产业结构双向优化适配方案,推进京津冀产业结构优化布局,并提出了京津冀协同发展下水资源与产业结构双向优化适配方案实施的制度保障。但现有的京津冀协同发展下水资源与产业结构双向优化适配方案仍然是以年为单位的适配方案,由于水资源需求和来水量都存在时空的不均匀性,没有明确不同来水频率条件下以季度甚至月份为单位的适配方案。因此,在京津冀协同发展下水资源与产业结构双向优化适配方案实施过程中,如何进一步细化到以季度甚至月份为单位的适配方案,并确定不同来水频率条件下的适配方案,仍有待进一步深化研究。同时,如何推进京津冀协同发展下水资源与产业结构双向优化适配方案实施的制度创新,形成更为完善的京津冀协同发展下水资源与产业结构双向优化适配方案实施的制度保障,仍有待进一步深化研究。

参考文献

[1] Daene C. McKinney, Ximing Cai. LinkingGIS and water resources management models: an object-oriented method[J]. Environment modeling&software, 2002(17):413-425.

[2] E Xevi, S Khan. A multi-objective optimisation approach to water management[J]. Journal of Environmental Management, 2005(12):269-277.

[3] YANG W, SUN D Z. A genetic algorithm-based fuzzy multi-objective programming approach for environmental water allocation[J]. Water science and technology, 2006(9):43-50.

[4] Wang L, Fang L, Hipel K W. Mathematical programming approaches for modeling water rights allocation[J]. Journal of Water Resources Planning and Management, 2007,133(1):50-59.

[5] Wang L, Fang L, Hipel K W. Basin-wide cooperative water resources allocation[J]. European Journal of Operational Research, 2008,190(3):798-817.

[6] Zhang W, Wang Y, Peng H, et al. A coupled water quantity - quality model for water allocation analysis[J]. Water Resources Management, 2010,24(3):485-511.

[7] Cai X, Ringler C, Rosegrant M. Modeling water resources management at the basin level-methodology and application to the maipo river basin[R]. Washington: D. C.: International Food Policy Research Institute, 2006.

[8] Condon L E, Maxwell R M. Implementation of a linear optimization water allocation algorithm into a fully integrated physical hydrology model[J]. Advances in Water Resources, 2013,60:135-147.

[9] Campenhout B V, DExelle B, Lecoutere E. Equity - Efficiency optimizing resource allocation: the role of time preferences in a repeated irrigation game[J]. Oxford

Bulletin of Economics and Statistics,2015,77(2):234-253.

[10] Hu Z, Wei C, Yao L, et al. A multi-objective optimization model with conditional value-at-risk constraints for water allocation equality[J]. Journal of Hydrology, 2016,542:330-342.

[11] Bazargan-Lari M R, Kerachian R, Mansoori A. A conflict resolution model for the conjunctive use of surface and groundwater resources that considers water quality issues: a case study[J]. Journal of Environmental Management, 2009,43(3):470-482.

[12] Kerachian R, Fallahnia M, Bazargan-Lari M R, et al. A fuzzy game theoretic approach for groundwater resources management: application of Rubinstein bargaining theory[J]. Resources, Conservation and Recycling, 2010,54(10):673-682.

[13] Read L, Madani K, Inanloo B. Optimality Versus Stability in Water Resource Allocation[J]. Journal of Environmental Management, 2014,133(15):343-354.

[14] Xie Y L, Huang G H, Li W, et al. An inexact two-stage stochastic programming model for water resources management in Nansihu Lake Basin, China[J]. Journal of Environmental Management, 2013,127:188-205.

[15] Le Bars M, Ferrand N, Attonaty J M, et al. An Agent-based simulation testing the impact of water allocation on collective farmers' behabviours[R]. A Special Issue on: Application of Agent-based Simulation to Social and Organizational Domains, 2004.

[16] Kathrin K, Claudia P. A framework for the analysis of governance structures applying to groundwater resources and the requirements for the sustainable management of associated ecosystem services[J]. Water Resources Management, 2011,25(13):3387-3411.

[17] Syme G J. Acceptable risk and social values: struggling with uncertainty in Australian water allocation[J]. Stochastic Environmental Research and Risk Assessment, 2014,28(1):113-121.

[18] Null S E, Prudencio L. Climate change effects on water allocations with season dependent water rights[J]. Science of the Total Environment, 2016,571:943-954.

[19] Forrester J W. World dynamics[M]. Wright-Allen Press, 1971.

[20] Daly H E. The economics of the steady state[J]. The American Economic Review, 1974,64(2):15-21.

[21] Atack J. Industrial structure and the emergence of the modern industrial corporation [J]. Explorations in Economic History, 1985,22(1):29-52.

[22] Daly H E, Townsend K N. Valuing the earth: economics, ecology, ethics[M]. MIT press, 1996.

[23] Yang H, Reichert P, Abbaspour K, et al. A Water Resources Threshold and Its Implications for Food Security[J]. Environmental Science & Technology, 2003(14): 3048-3054.

[24] Watkins W J, David M K, DaeneC R. Optimizaiton for Incorporation Risk and Uncertainty in Sustainable Water Resources Planning[M]. International Association of Hydrological Sciences Publicaiton, 1995:225-232.

[25] G M Sechi, A Sulis. Mixed Simulation-Optimization Technique for Complex Water Resource System Analysis under Drought Condition[J]. Earth and Environmental Science, 2007,62(3):217-237.

[26] Christopher A. Scott, Jeff M. Banister. The Ditemma of Water Management "Regionalization" in Mexico under Centralized Resource Albcation[J]. International Journal of Water Resources Development, 2008,24(1):61-74.

[27] Mohammad S. Taskhiri. Raymond R. Tan, Anthony S. F. Chiu. Emergy-Based Fuzzy Optimization Approach for Water Reuse in An Eco-industirial Park Resources [J]. Conservation and Recycling, 2011,55(7):730-737.

[28] 胡鞍钢,王亚华.转型期水资源配置的公共政策:准市场和政治民主协商[J].中国软科学,2000(5):5-11.

[29] 常云昆.黄河断流与黄河水权制度研究[M].北京:中国社会科学出版社,2001.

[30] 王浩,党连文,汪林,等.关于我国水权制度建设若干问题的思考[J].中国水利,2006(1):28-30.

[31] 党连文.流域初始水权分配有关问题的研究[J].中国水利,2006(9):16-18.

[32] 郑通汉,许长新,徐乘.黄河流域初始水权分配及水权交易制度研究[M].南京:河海大学出版社,2006.

[33] 王浩,游进军.中国水资源配置30年[J].水利学报,2016(03):265-271.

[34] 胡继连,葛颜祥.黄河水资源的分配模式与协调机制——兼论黄河水权市场的建设与管理[J].管理世界,2004(8):43-52+60.

[35] 李晶.中国水权[M].北京:知识产权出版社,2008.

[36] 尹明万,于洪民,陈一鸣,等.流域初始水权分配关键技术研究与分配试点[M].北京:中国水利水电出版社,2012.

[37] 王金霞,黄季焜,Scott Rozelle.激励机制、农户参与和节水效应:黄河流域灌区水管理制度改革的实证研究[J].中国软科学,2004(11):8-14.

[38] 夏朋,倪晋仁.流域水权初始分配机制中的节水激励[J].中国人口·资源与环境,2008,18(3):206-210.

[39] 裴源生,李云玲,于福亮.黄河置换水量的水权分配方法探讨[J].资源科学,2003,25(2):32-37.

[40] 吴凤平,葛敏.水权第一层次初始分配模型[J].河海大学学报(自然科学版),2005,33

(2):216-219.

[41] 尹云松,孟令杰.基于AHP的流域初始水权分配方法及其应用实例[J].自然资源学报,2006,21(4):645-652.

[42] 王宗志,胡四一,王银堂.基于水量与水质的流域初始二维水权分配模型[J].水利学报,2010,41(5):524-530.

[43] 王宗志,张玲玲,王银堂,等.基于初始二维水权的流域水资源调控框架初析[J].水科学进展,2012,23(4):590-598.

[44] 王学凤,王忠静,赵建世.石羊河流域水资源使用权分配模型研究[J].灌溉排水学报,2006,25(5):61-64.

[45] 王福林,吴丹.基于水资源优化配置的区域产业结构动态演化模型[J].软科学,2009,23(5):92-96.

[46] 吴丽,田俊峰.区域产业结构与用水协调的优化模型及评价[J].南水北调与水利科技,2011,9(4):51-54+72.

[47] 陈妍彦,张玲玲.水资源约束下的区域产业结构优化研究[J].水资源与水工程学报,2014,25(6):50-55+60.

[48] 鲍超,方创琳.内陆河流域用水结构与产业结构双向优化仿真模型及应用[J].中国沙漠,2006,26(6):1033-1040.

[49] 张玲玲,王宗志,李晓惠,等.总量控制约束下区域用水结构调控策略及动态模拟[J].长江流域资源与环境,2015,24(1):90-96.

[50] 徐志伟.基于地区—产业双重维度的京津冀生产用水资源优化研究[J].区域经济评论,2013(1):62-68.

[51] 赵岩,黄鑫鑫,王红瑞,等.基于区间数多目标规划的河北省水资源与产业结构优化[J].自然资源学报,2016,31(7):1241-1250.

[52] 吴丹,王亚华.双控行动下流域初始水权分配的多层递阶决策模型[J].中国人口·资源与环境,2017,27(11):215-224.

[53] 王慧敏,唐润.基于综合集成研讨厅的流域初始水权分配群决策研究[J].中国人口·资源与环境,2009,19(4):42-45.

[54] 郑航.初始水权分配及其调度实现——以干旱区石羊河流域为例[D].北京:清华大学,2009.

[55] 陈艳萍,吴凤平.基于演化博弈的初始水权分配中的冲突分析[J].中国人口·资源与环境,2010,20(11):48-53.

[56] 吴凤平,葛敏.基于和谐性判断的交互式水权初始分配方法[J].河海大学学报(自然科学版),2006,34(1):104-107.

[57] 吴凤平,吴丹,陈艳萍.流域初始水权配置系统方案诊断模型[J].系统工程,2010,28(4):24-29.

[58] 陈艳萍,吴凤平,吴丹,等.基于和谐性诊断的初始水权配置方法[J].系统工程,

2011,29(5):68-72.

[59] 吴丹,吴凤平,陈艳萍.流域初始水权配置复合系统双层优化模型[J].系统工程理论与实践,2012,32(1):196-202.

[60] 张丽娜,吴凤平,贾鹏.基于耦合视角的流域初始水权配置框架初析——最严格水资源管理制度约束下[J].资源科学,2014,36(11):2240-2247.

[61] 张丽娜,吴凤平,张陈俊.用水效率多情景约束下省区初始水量权差别化配置研究[J].中国人口•资源与环境,2015,25(5):122-130.

[62] 王婷,方国华,刘羽,等.基于最严格水资源管理制度的初始水权分配研究[J].长江流域资源与环境,2015,24(11):1870-1875.

[63] 沈满洪.水权交易制度研究:中国的案例分析[M].杭州:浙江大学出版社,2006.

[64] 夏军,彭少明,王超,等.气候变化对黄河水资源的影响及其适应性管理[J].人民黄河,2014,36(10):1-4+15.

[65] 邓敏,王慧敏.气候变化下适应性治理的学习模式研究——以哈密地区水权转让为例[J].系统工程理论与实践,2014,34(1):215-222.

[66] 匡洋,李浩,夏军,等.气候变化对跨境水资源影响的适应性评估与管理框架[J].气候变化研究进展,2018,14(1):67-76.

[67] 王慧敏,于荣,牛文娟.基于强互惠理论的漳河流域跨界水资源冲突水量协调方案设计[J].系统工程理论与实践,2014,34(8):2170-2178.

[68] 王慧敏.落实最严格水资源管理的适应性政策选择研究[J].河海大学学报(哲学社会科学版),2016,18(3):38-43.

[69] 牛文娟,王伟伟,邵玲玲,等.政府强互惠激励下跨界流域一级水权分散优化配置模型[J].中国人口•资源与环境,2016,26(4):148-157.

[70] 左其亭.水资源适应性利用理论及其在治水实践中的应用前景[J].南水北调与水利科技,2017,15(1):18-24.

[71] 左其亭,王妍,陶洁,等.南水北调中线水源区水文特征分析及其水资源适应性利用的思考[J].南水北调与水利科技,2018,16(4):42-49.

[72] 鲍超,贺东梅.京津冀城市群水资源开发利用的时空特征与政策启示[J].地理科学进展,2017,36(1):58-67.